室内设计师.**65**
INTERIOR DESIGNER

编委会主任　崔愷
编委会副主任　胡永旭

学术顾问　周家斌

编委会委员

王明贤　王琼　王澍　叶铮　吕品晶　刘家琨　吴长福
余平　沈立东　沈雷　汤桦　张雷　孟建民　陈耀光　郑曙旸
姜峰　赵毓玲　钱强　高超一　崔华峰　登琨艳　谢江

海外编委

方海　方振宁　陆宇星　周静敏　黄晓江

主编　徐纺
艺术顾问　陈飞波

责任编辑　徐明怡　郑紫嫣
美术编辑　陈瑶

图书在版编目(CIP)数据

室内设计师. 65, 禅风 /《室内设计师》编委会编
著 . -- 北京：中国建筑工业出版社，2017.12
　　ISBN 978-7-112-21506-5

Ⅰ. ①室… Ⅱ. ①室… Ⅲ. ①室内装饰设计—丛刊
Ⅳ. ① TU238-55

中国版本图书馆 CIP 数据核字 (2017) 第 275245 号

室内设计师　65
禅风
《室内设计师》编委会　编
电子邮箱 : ider2006@qq.com
微信公众号 : Interior_Designers

中国建筑工业出版社出版、发行 (北京海淀三里河路 9 号)
各地新华书店、建筑书店 经销
上海雅昌艺术印刷有限公司 制版、印刷

开本：965×1270 毫米　1/16　印张：13½　字数：540 千字
2017 年 12 月第一版　2017 年 12 月第一次印刷
定价：60.00 元
ISBN 978-7-112-21506-5
　　　(31160)

CONTENTS

VOL.65

融为一炉

撰　文　｜　王受之

因为从事现代设计史的教学和研究工作，我一直很注意日本的设计文化。日本的传统设计是一个经两千多年积累而形成的文化综合体。我看过日本哲学家九鬼周造（Kuki Shuzo,1888-1941）对日本的审美历程做的总结，他说日本在上古时代（主要是大河、奈良时代）崇尚"诚"，在文学作品中表现为自然描述人类的心灵与思想；中古时代（平安时代）占主流的是"物哀"(Mono no aware, もののあわれ)，即意识到大自然或者人类中他者的存在，并为他者所感动；到了中世（镰仓、室町时代）由于受到佛教的影响，"幽玄"成为日本审美思想的主流，并发展成为后来的"侘寂"；江户时期以游里为舞台，媚艳风格逐渐形成，此为"粹"的审美意识。从我自己接触到的日本设计师中，的确颇有感触。

平常见到设计界的人往往习惯说日本的文化是从中国传过去的，此话不错，但感觉是把历史长河中的阶段影响改成了对整体文化的描述，就有点笼统了。日本设计能够把自己的感受、外来的影响融为一体，不是简单的一个影响源能够解释清楚的。比如，"物哀"（日语：物の哀れ，读音：もののあはれ,Mono no aware），就是日本平安时代重要的文学审美理念之一。物哀相当于中文里的"触景生情"。"物"（mono）是认识感知的对象，"哀"（aware）是认识感知和感情的主体。"物哀"就是二者互相吻合一致的时候产生的和谐美感——优雅、细腻、沉静、直观。人在接触外部世界时，感物生情，心为之动，有所感触，这时候自然涌出的情感，或喜悦，或愤怒，或恐惧，或悲伤，或低徊婉转，或思恋憧憬。有这样情感的人，便是懂得"物哀"的人。我们认知的差别在于：中国文化中的触景生情是感觉层面的，日本则把物哀发展到艺术、设计上了，变成一种可以触及的物质文化，并且和"雅"（Miyabi）联系起来用，"雅"是日本比较早就形成的审美原则，强调轻盈、浅淡、雅致，和英语中的"elegance"、"refinement"、"courtliness"比较接近。我们看日本设计，就很容易体会到这种接近哀伤的典雅，一种非常寂寞的美。再加上"侘寂"（Wabi-sabi），就非常日本了。

"侘寂"是一种以接受短暂和不完美为核心的日式美学观念。日本的艺术和设计审美中贯穿着侘寂之美：不完美、无常、不圆满、残缺……日本陶瓷中有很多都是随意性强烈的非完美形式作品，质朴而苦涩；日本平面设计中也时常可以看到这种清寂、纯粹、苦涩的表现。不过这两个词也可以延伸而指朴素、寂静、谦逊、自然等。这种审美具有强烈的日本本性，并不太多受到外来的影响，融"物哀"、"雅"、"侘寂"为一炉，是他们很独特的地方。

我最早接触到的日本现代设计，是1984年在香港见到设计家柳宗理（Sori Yanagi,1915-2011）在1953年设计的一把铝水壶，这把普通的铝水壶虽然是现代生活用品，造型却拥有日本传统铁壶的特点，壶身低而扁，重心低，稳定性好。我看到之后立即联想到日本传统的生铁水壶，印象很深，这把水壶曾经获得1958年的"G-mark"奖。

1 2
3

1 柳宗理设计的"蝴蝶凳"

2 柳宗理设计的酱油瓶

3 柳宗理设计的铸铁锅

又看到他在 1956 年设计的一个白色陶瓷的酱油瓶，完全颠覆了传统酱油瓶的设计，虽然是个工业化量产的产品，其流畅自然的曲线造型，却有浓浓的人情味，而且很具日本感觉，也是经典之作。这两件作品朴素到几乎没有"设计"装饰感，却真正地把物做到让人有点感伤的地步。

接着就在纽约的现代艺术博物馆看到他设计的"蝴蝶凳"（butterfly stool），颇为震撼。这个简单的凳子，是在座位下用螺丝和铜棒，将两片弯曲定型的纤维板反向而对称地连接在一起。造型像是一对正在扇动的蝴蝶翅膀，这个造型源自日本传统建筑的构造，从早期"神道教"的拱门上就可以看出它的渊源。"蝴蝶凳"在 1957 年的米兰设计三年展上获得著名的"金罗盘"奖（Compaso D'oro），是日本工业产品最早在国际设计界崭露头角，并将日本设计界领上了国际舞台的作品。

我大概从那时候开始注意日本的设计，受益良多。

对日本当代设计的另外一个认识，是受意大利一个设计师的引导。1989 年我在洛杉矶认识了意大利设计家埃托雷·索特萨斯（Ettore Sottsass），他是意大利后现代主义设计组织"形态小组（Morphosis）"的奠基人。我在吃饭的时候问他当年的成员情况，他说最喜欢的是自己的设计，其次就是日本来的设计师仓俣史朗（Shiro Kuramata, 1934-1991）。我当时对仓俣史朗的名字还不熟悉，但是却见过他设计的惊人作品，那就是在纽约现代艺术博物馆看到他在 1986 年设计的椅子"月亮有多高"（How High the Moon），连埃托雷·索特萨斯这样挑剔、独立独行的大师都推崇，反映出战后日本设计的新兴活力和成熟的创造力。如果说，以往西方人关注的日本设计多少都带有一点猎奇、追寻异域风情的成分的话，他则是第一位单纯因为现代设计的成就而广受国际好评的日本设计师。他的作品很现代，然而在采纳西方设计的感性与技术的同时，也将骨子里的日本传统美学取向结合了进去，创造出非常有个性

和表现力的作品来，对日本设计界、国际设计界都产生强烈的冲击和深刻的影响。他设计的金字塔形旋转架子（Pyramid Revolving Cabinet）用透明的丙烯树脂做成金字塔形状的架子，层层叠叠地放着黑色丙烯树脂做成的 17 层抽屉。架子是透明的，抽屉是黑色的树脂，远看就像是悬在空中的一样；架子可以旋转，因此抽屉拉出的方向也可随之改变。这个架子完全像一件现代雕塑作品，好看、新奇，却也实用。仓俣史朗的作品基本都带有艺术品的特征，个性极强，因此巴黎装饰艺术博物馆、纽约现代艺术博物馆、日本富山现代艺术博物馆等很多博物馆都收藏了他的作品。

仓俣史朗 1934 年生于日本东京，1956 年毕业于桑泽设计研究所（Kuwasawa Insititue of Design），1965 年在东京设立仓俣设计工作室。1970 年开始以不规则形来设计家具，1972 年获得日本《每日新闻》工业设计大奖（Mainichi Industrial Design Award），1981 年加入意大利后现代主义前卫设计集团"形

态小组"，是其中唯一的亚洲人。这一年他受颁日本文化设计奖 (Japan Cultural Design Award)，1983 年他为形态小组集团设计了著名的"特拉佐"桌子（terrazzo tables for Memphis），1986 年设计了著名的铁网沙发椅"月亮有多高"，1988 年设计了丙烯树脂的"玫瑰椅"（acrylic/artificial roses chair），又名"布朗奇小姐"（Miss Blanche），1990 年荣获法国文化部颁发的法国艺术及文学勋章（Ordre des Arts et des Lettres）。1991 年，仓俣史朗正处于风华正茂、思涌如泉的设计黄金时代，却不幸因病逝世，他的英年早逝是日本以及国际设计界的一大损失。

因为对他的兴趣，我很快就接触到另外一位在意大利发展起来的日本设计师的作品，这位日本设计师就是喜多俊之 (Toshiyuki Kita, 1942-)。喜多俊之 1964 年毕业于浪速短期大学（现大阪艺术大学）工业设计专业，1967 年在东京成立了自己的设计事务所。他曾设计了当时流行的家庭用电话台，创造出年销售超过 50 万台的惊人成绩。他从 1969 年开始，与意大利设计师展开交流，

并在 1975 年去了意大利。他在意大利第一件成名之作是 1980 年为卡西那公司设计的温克躺椅（Wink Lounge Chair）。这张椅子可以调整靠背的角度，可以折叠，椅身可以用各种色彩的椅罩替换，以多种功能满足人们在各种场合下对椅子的欲望和需求。这个作品重视实用性能，既有鲜艳色彩和类似米老鼠耳朵造型等西方波普艺术的元素，又有可调节、易收藏等日本传统产品的影响，被纽约现代艺术博物馆永久收藏，并荣获多项国内外设计大奖。

接着，我就看见了剑持勇（Isamu Kenmochi, 1912-1971）的那件震撼人心的杉木大椅。他在 1961 年设计的这把椅子叫做"柏户椅"（Kawashido Chair），是一件具有强烈雕塑感的作品，原是给热海花园饭店设计的。这个酒店建筑是石砌风格，大堂相当堂皇、宏大，所以他设计的椅子也很宽大。他将杉木根部切割成块状压缩组合，产生石椅般份量，并以日本传统木材表面加工技术彰显木纹美感。这把椅子是日本当代设计中最具有震撼力的一件。

有人问我："你说的'物哀'、'雅'、'侘寂'在这三人的奇异、绚丽的作品中不存在啊！"这样其实就介入到日本设计的第四个、第五个源了，那就是"涩"和"粹"。

"涩"是日本设计自己发展出来的一个文化因素，没有受太多外来的影响，"涩"在日文汉字写成"渋"，指苦涩之中的美，最主要指不完整的美。形容词是渋い (shibui)，名词是渋み (shibumi)、或渋さ (shibusa)。日本设计精神境界的高度在于朴实、寂静、不完美、纯粹、涩中品位、苦尽甘来的美。日本民间艺术专家、"民艺运动"发起人之一的柳宗悦（Sōetsu Yanagi,1889-1961）对日本"涩之美"的诠释是：在手工艺创作中，将十二分的表现退缩成十分是涩的秘意所在，剩下的二分是含蓄的东方之美，因为涩不是喧哗而是静默的态度，所以"不言之和"与"无闻之闻"即是涩的精神所在。手工的创作总有一些不自由性，受到工具、材料在某种程度的限制，以手感的自由与随性所创造出来的物品，往往会产生参差不齐的痕迹，而无法像绘画那样，收到拟真的、相

对完美的效果。柳宗悦所说的涩之三部曲是：余、厚与浓。

而"粹"，日文原文是"粋"，读 iki。这是日本的一种世俗审美观。日本思想家九鬼周造在《"粋"的结构》一书中，从哲学的高度对"粋"这一审美意识进行过详细解析。他认为"粋"包含三个本质要素："媚态"、"自尊"和达观。其中"媚态"以"肉体"性为先导，构成"粋"的实质性内容；"自尊"是理想主义带来的精神支撑，为"媚态"的二元性提供进一步的紧张与持久力；"达观"是潜藏在自尊根底的自己对他者的变化无能为力时所采取的一种达观的态度。三个要素，尤其是"媚态"和"自尊"都是以异性他者的存在为前提的，没有他者的存在，"粋"的三个本质因素亦不能够成立。九鬼周造认为最能集中体现这种审美观的，就是日本的艺妓文化。

二者结合起来，是设计中对残缺、媚态、艳俗的极度追求，这两位的设计中有很强烈的这种倾向，如果没有这两者，一个东方民族是很难以理解和接受当时"形态小组"这类极端的设计潮流的。

2017 年 6 月份，我参加"日立电梯"公司在广州举行的一个设计研讨会，在会上和日本产品设计师深泽直人（Naoto Fukasawa,1956- ）对话，他送我一个装电脑的纸袋，朴素无华，但却非常有感觉，那么简单的材料，却能够做到让我们这样的从事设计的人喜欢，内功了得。他英语讲得很流畅，我们谈了好多关于日本设计的内容。

深泽直人是一位非常活跃的日本当代工业设计师。他毕业于多摩美术大学工业设计系，之后去美国在旧金山的 IDEA 设计公司工作了八年。1997 年，他回到日本担任 IDEO 公司东京分部的主任，后于 2003 年成立了自己的设计事务所"深泽直人设计"（Nato Fukasawa Design）。代表作品包括：为无印良品（MUJI）设计的 CD 播放器——被纽约现代艺术博物馆永久性收藏）、"信息棒"手机（Inforbar）等。目前与他合作的知名企业包括意大利、德国、英国、法国、北欧和亚洲的一些厂家，例如意大利家具公司 B&B Italia、Driade，灯具公司 Artemide 等等。

他的设计作品朴素直观、不须思考就能使用，他本人则称之为"without thought"。他强调设计是为了满足人们的生活需求，方便人的生活方式，而非强行改变或使之复杂化，而加重使用者的"适应负担"。好的设计必须以人为本，注重人的生活细节，方便人的生活习惯，让生活变得更美好。他曾获得 2002 年日本"每日设计赏"等许多设计大奖。目前是日本品牌"±0"和无印良品的设计负责人，被美国《商业周刊》（Business Week）评为当今世界最有影响力的设计师之一。

他的设计作品很多，其中著名的 CD 播放器，外形似一个排气扇，开关为一条拉绳，很像电灯的拉绳开关。他的带凹槽的伞，在伞的弯钩处设计一个凹槽，这样伞就多了一个功能——悬挂塑料袋。他设计的带托盘的台灯，也很独具创意。

深泽直人的影响更多地属于日本比较早的那种"物哀"和"侘寂"，如果知道日本的设计审美思想起源，就很容易理解了。

禅风

撰　文　▌　秋分

　　禅是什么？"禅"本是源自中国的一种宗教观念和修行态度，在一千多年前的中国盛极一时，但在如今的生活中却基本看不到禅的踪迹了；反而在日本，这种宗教观以及修行态度被唐、宋时期的日本僧人引进之后，不但深深影响了日本人的哲学思维以及生活态度，日本的艺术家、设计师还进一步把"禅风"融入了室内设计、庭园设计、建筑设计以及商品设计，甚至是美食料理上，创造出风格鲜明且独特的"日本禅风美学"。并从1990年代开始广泛影响中国台湾、新加坡、马来西亚等国家以及地区的设计风尚。

　　谈及"禅风"，最深入人心的莫过于日本的枯山水庭园，其造境堪称是当代禅风的精神指针——自然、简约、不假雕琢。这种清爽、简约并散发着自然原木的清香是"禅"的宗教、哲学、美学观的最佳体现。比如，此次主题我们除了展现当代日本枯山水重要代表人物枡野俊明的作品，也展现了中国当代先锋建筑师大舍事务所的作品，这两种不同的造园方式却都呈现了当代禅风。

　　"禅风"的展现需要运用大量的元素，例如木头、石材、麻、竹、藤等元素与东方特有的历史物件，配合一定的设计，用形塑造出"虚"与"实"转换的空间意念，体现

质朴、无华的自然主义。台湾地区的食养山房是近年来非常受瞩目的茶文化空间，这个空间并没有很多局促的摆设，只是大量运用了极简素的布置，用光的精妙，让你一下就步入茶人静心的境界。

　　而"框景"也是在"禅风"类设计风格中最常使用的手法之一，运用"借景"的巧妙变化，融合室内外景观，展现人与空间、大自然与建筑空间和平并存的设计理念。无论是家具摆设还是搭配自然素材的室内装饰品，均可以在兼顾建筑空间与自然环境的协调性下，运用室内造景、室外借景的方式，表现出带点神秘、融入自然、"虚中带实，实中带虚"的空间张力。在我们此次的专题中，虹夕诺雅·京都和京都四季酒店就是其中的翘楚，设计师巧妙地借用了窗外的美景，将自然与室内空间完美地结合在了一起。

　　然而，随着社会的发展，喜欢求新求变的设计师并不会遵循这种规约式的空间，而是加入了更多不同的材质以及变化。比如在伦敦的最新肖迪奇诺布酒店以及台湾地区的日月潭涵碧楼酒店的设计中，西方设计师运用了很多更适宜表现线条简约利落特性的金属材质，企图以更冷、更酷的质地来强化"禅"所讲究的冷静、清心感。🔚

主题

苏州相城基督教堂
CHRISTIAN CHURCH IN XIANGCHENG DISTRICT OF SUZHOU

撰 文 ｜ 王凡、王苏嘉、董臂霜
摄 影 ｜ 姚力

地 点 ｜ 江苏苏州
设计单位 ｜ 九城都市建筑设计有限公司
建 筑 师 ｜ 张应鹏、王凡、董臂霜、肖蓉婷、钱弘毅、蔡晨啸
业 主 ｜ 苏州市相城城市建设有限责任公司苏州市基督教协会
用地面积 ｜ 2 665.13m²
建筑面积 ｜ 5 486.15m²
结构形式 ｜ 框架结构
设计时间 ｜ 2013年1月
建成时间 ｜ 2016年1月

```
I   2  3
```

I 带灯光的西立面

2 总平面

3 鸟瞰

文艺复兴时期，西方艺术史上曾有过一场关于神性与人性的变革。

在文艺复兴之前，绘画艺术几乎是完全为宗教服务的。画面上神的形象被放大，人的形象被缩小。这些神面无表情、动作僵硬，整个画面为了凸显神性的伟大变得紧绷与冰冷。然而，从文艺复兴时期开始，同样是描绘宗教故事的作品，却开始变得有了温度。神的形象逐步向人靠近，有了人的喜怒哀乐，面部表情与肢体语言变得丰富，形体尺度也趋于正常。这一时期，绘画创作的目的由歌颂神性渐渐转为借宗教主题展现人性的美，进而衍生出了除宗教题材外更多丰富的主题，迎来了艺术界蓬勃的发展。

纵观宗教建筑发展史，教堂建筑也经历了巴西利卡式、罗马式、哥特式、文艺复兴式、巴洛克式……再到如今的现代主义教堂，其历程也是一个由强调神到强调人的转变过程。

神赐给人类照亮这世界的光，人用建筑塑造光。从神的光，到人的光，苏州相城基督教堂讲述的就是这样一个故事。

建筑从外部造型上极大地回应了城市的空间尺度，像是上帝之手在人间放下的一座雕塑，稳稳地落在地面上，数个几何体塑造出强大的存在感与仪式感。之所以说它是一座雕塑，是因为它不像传统意义上的建筑有主次立面之分，它的四周包括顶面都浑然一体。黑色花岗岩由顶至地一路延伸，再顺着地面蔓延至室内，不论从哪个角度观赏，都能感受到教堂强大的张力。教堂底层四面开敞，南、北、西三个立面上均设有垂直开启的炭化木隔板，即使是背向入口主广场的东立面，也在立面处理上设计了一个内向的切口，成为东立面上迎向快速路的立面表情。教堂外部造型的这一特点暗合了宗教中对神性的阐释——神的光芒从来没有正背之分，不论在哪个方向均能受到神的关照。

高大的炭化木隔板应对城市与广场的尺度，体现出教堂宏伟的神性。木隔板的内侧有另一道门，是真正贴近人的使用尺度的门。这内外两道门之间，创造出一个半户外的通廊，便是神性与人性交汇的场所。在这个空间里，人与自然的关系达到了微妙的平衡点：人看得见风雨，却不会被风雨淋湿；感受得到阳光，却不会被烈日暴晒。自古以来，人在自然面前始终保持着谦卑，但是当我们的祖先第一次搭建出一个有顶盖的庇护所，即使这个庇护所再简陋，从这个时间点开始，人在自然面前开始有了维护自己尊严的能力。

由正门进入室内，里面是一片纯净的白色空间。三层通高的入口中庭空间，二层处一条切开的回廊仿佛一条暗色的腰带，配合两侧墙面上的大小洞口形成黑白倒置的图底关系；尽头处黑色花岗石的台阶引领着人的视线升高，直到顶部悬浮着的白色十字架。除了正对主入口的楼梯之外，整个建筑内部另有两部仪式性的楼梯：一部在一层小礼拜堂之间的走道中，另一部在入口门厅外的半室外空间里。三部楼梯相互呼应，成为教堂

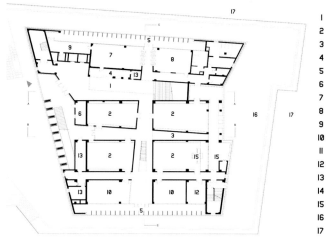

I	入口大厅
2	小礼拜堂
3	冥想空间
4	圣经展示、售卖
5	观景走廊
6	值班室
7	餐吧
8	茶吧
9	备餐间
10	母婴听道室
II	教牧人员办公室
12	主人牧师办公室
13	储藏间
14	半室外走道
15	浸礼池
16	亲水平台
17	水面

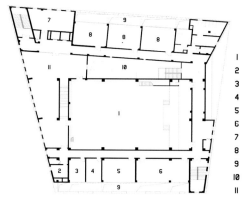

I	大礼拜堂
2	健康咨询
3	心里咨询
4	法律咨询
5	诗班
6	诗班、圣衣室
7	会议室
8	培训室
9	阳台上空
10	入口大厅上空
II	展厅

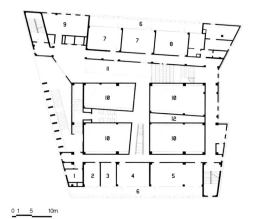

I	文印室
2	财务室
3	档案室
4	办公室
5	会议室
6	阳台
7	主日学办公
8	贵宾接待室
9	查经室
I0	小礼拜堂上空
II	入口大厅上空
I2	冥想空间上空

0 1   5   10m

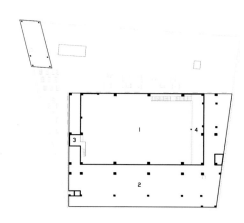

I	大礼拜堂上空
2	设备平台
3	放映室
4	唱诗台

I	一层平面
2	二层平面
3	三层平面
4	屋顶层平面
5	东立面及水中倒影

这部乐章中的三个重音，串连起整个空间的节奏感；这些音符在迂回的空间里一路爬升，最终在大礼拜堂中达到这一乐章的高潮。

密斯·凡·德·罗曾经说过："上帝存在于细节之中。"观察相城基督教堂中的一些细节，或许能帮助人们找到上帝的所在。入口处设计有一个隐藏的投影仪，利用一侧的白墙作为投影屏幕，播放基督教相关影片之余，也可以成为孩子们玩皮影戏的场所。宗教的神圣宣讲与孩童的世俗玩乐看似是毫不相干的两件事物，却可以成为一枚硬币的正反两面——从一面到另一面看似遥不可及，但只要跳出圈外回头再看，就能发现两者之间其实近在咫尺。神与人的关系亦是如此，彼时的教堂建筑或装饰繁复或高耸入云，都是为了拉开与世俗的距离，引起人对神的敬畏之心。而今日，现代主义教堂已不需要利用外在的装饰去靠近神，它们回归简朴、

回归自然，回到风霜雨雪的四季更迭之中，回到喜怒哀乐的人情冷暖之中。只要人心虔诚，神便存在。

于是，在苏州相城基督教堂，大礼拜堂固然是这一乐章的高潮所在，但建筑的灵魂却并没有被禁锢在这里。它穿行在迂回的展廊中，它跳跃在流转的天光下。它是大礼拜堂里虔诚的唱诵，是圣心小教室里天真的童谣，是一茶一饭，是一思一行，是神性与人性交融的光芒。

从过去到现在，教堂已经渐渐脱离了一个单纯供奉神的容器的角色，演变为一个为人服务的场所。它将化作城市里的一点光，是主日崇拜中屋顶上洒下的天光，是婚礼仪式上新人手中的烛光，是慕名而来的参观者手里相机的闪光。这光，生生不灭，微弱却恒久，融化在城市的万家灯火中，一同见证人世间最平凡且真挚的喜悦。END

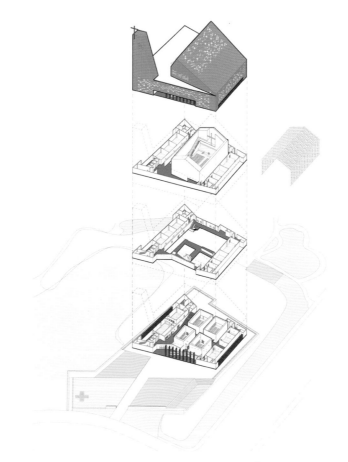

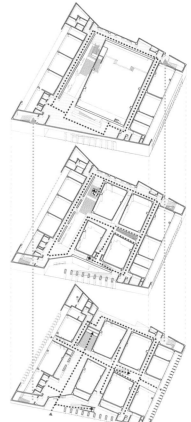

	2 3
1	4

1　一楼南侧观景走廊及可开启
　　炭化木隔板，开启后的光影
2　分层轴测分析
3　交通分析
4　北侧茶吧及室外景观

1	大礼拜堂
2	入口大厅
3	培训室
4	主日学办公室
5	设备平台
6	诗班
7	办公室

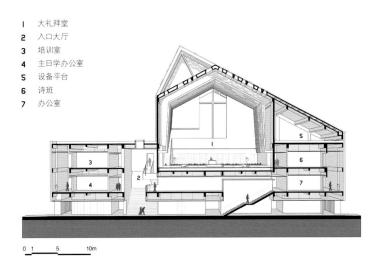

0 1   5   10m

	1		6
2			
3 4 5			

1   一楼入口中庭

2   剖透视

3   东侧两个小礼拜堂间的冥想空间

4   一楼通向二楼的直跑楼梯及灯光效果

5   一楼入口中庭东端的大台阶及十字架

6   二楼中庭

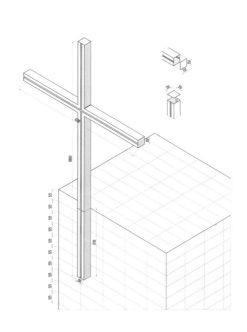

1　竖明横隐玻璃幕墙
2　30mm 厚水洗面蒙古黑花岗岩
3　2.5mm 厚铝单板窗套
4　水平向棕色炭化木

1　三楼中心的大礼拜堂全景
2　十字架构造详图
3　墙身详图
4　屋面石材交接展开图
5　三楼中心的大礼拜堂
6　三楼中心的大礼拜堂北侧局部

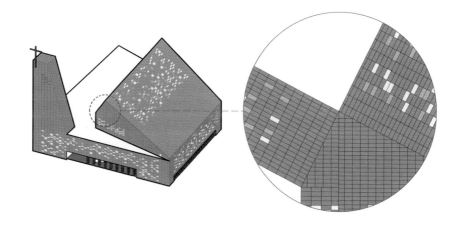

虹夕诺雅·京都
HOSHINOYA KYOTO

| 撰文/摄影 | My |
| 资料提供 | 虹夕诺雅·京都 |

地　　点	日本京都
建筑设计	东环境建筑研究所
环境设计	ON SITE计划设计事务所
主设计师	东利惠、长谷川浩己
基地面积	9681.98㎡
总建筑面积	2614.76㎡

| 1 | 2 |
| | 3 |

1　俯瞰度假村

2　度假村内部道路

3　游船到达处

岚山是京都非常有名的观光胜地，到了红叶季，赏枫游人更是悉数赶来。虹夕诺雅·京都则闹中取静，坐落于渡月桥上游十分钟船程的保津峡。战国，江户时代初期的京都富商角仓了以开辟了保津川水路，为京都水运做出做出了卓越贡献，他的私宅被改造为百年旅馆"岚峡馆"，因2007年经营者去世而停业。星野于同年取得经营权并进行改建，于2009年底重新开业。

虹夕诺雅·京都保留了"岚峡馆"接送客人的传统，以非日常的形式营造出隆重的仪式感。客人可以从渡月桥乘坐酒店的专用客船，一边欣赏岚峡雄伟且优雅的景观，一边沿着大堰川逆流而上，不出十分钟，便可到达这仿若桃花源般的古代贵族水边宅邸。

改建前的建筑已有一百多年的历史，自从修建成旅馆后，一直在原有基础上不断得到维护和改建。这栋古老的建筑在整体被保留下来的同时，亦不断地加入了新的变化。操刀此次改建的，依旧是负责建筑设计的东环境建筑研究所，作为虹夕诺雅系列的老搭档，建筑师东利惠在保留了百年建筑的同时，也加入了大量现代旅馆元素以保障客人的舒适。负责环境设计的依然是ON SITE计划设计事务所的长谷川浩己。

虹夕诺雅·京都的设计核心就是在极具私密感的宅邸能够充分享受经过千年洗练的京都文化，让旅客发现京都丰富的精神和岚峡雄美的自然风光。东利惠在这样传统外观的建筑中做了不少现代风格的设计，而许多京都传统工艺的符号，如京唐纸、障子门灯亦被纳入设计中。他说："如何在京都岚山为有着悠久历史的传统建筑带来新的气息，这一课题给了我全新的挑战机会。不仅仅是修复古旧的传统建筑，

还要提出新的方案，这是继虹夕诺雅·轻井泽后，我们的新课题。至今，京都还保留着日常生活中不能常常遇到的工匠手艺，比如京唐纸、格子门、土墙、日本瓦、珍贵木材等。京都简直是一个在日常生活中充满传统技术并且还在维护这些技术的圣地。另一方面，京都不仅有传统，还有前卫的因素。这次，我们不但有效利用了日本木建筑的轻巧和由单间群组成的房间结构，还运用了历史所创造出的情趣，营造出具有虹夕诺雅特色的非日常感和舒适感。"

酒店共有25间房，每个房间的面积均在70m²~80m²，共被分为五种房型。除去几间相对独立的复式房型，其他客房分布在几间建筑内。进门后，一个共用玄关用来储存客人的鞋具，在旅馆内，亦可穿着提供的改良木屐。

客房全面面向大堰川，这是学习了先人从含蓄中感受美的意识，融合了现代与

I | 2

1　入口
2　水之庭

传统空间的结果。客人能从唐纸的花纹或透过窗户看到树木的形态，每个房间都有不同的韵味。客房内部，考究的装修配上精简的家具，是典型的和洋式设计。客房里的"榻榻米沙发"来自"扁柏工艺"，这种沙发十分重视日式房间的美感意识，却也非常舒适，坐起来和西式沙发无二。而客人坐在榻榻米沙发上面的视线也正好是眺望窗外岚峡的最佳水平视线。度假村的和风照明灯具来自明治时代创立的"三浦照明"，他们用对老式烙铁的操作和金属薄板的折痕有着自己的坚持，以黄铜制作灯具的框架，让灯光得到温暖安详的生命。床后以及和室格栅的手刷京唐纸由京都老铺"丸二"提供，这种传统手工艺有着特有的不均匀感和手感所酿造的传统日本之美，并且在灯光的照射下回显现出千变万化的表情之趣。

不同于轻井泽、富士、冲绳等地拥有大片的室外空间，虹夕诺雅·京都的室外区域只有"水之庭"与"奥之庭"两处日式庭院。水之庭位于池塘和瀑布之间，看似狭窄的格局却营造出了高低错落的亲水区域，而内之庭则是一处现代枯山水，其在庭院内散落着数块顶部抛光的银熏瓦表现了一幅川流意向，不仅用于观赏也可供休息。在秋季，地面能像水面一样，将庭院内的四百年古枫的火红映射出来。这两个庭院的特色在于能够让旅客感受到继承了日本庭园的传统且具有虹夕诺雅特色的摩登设计。除了这两处庭院外，通往每间客房的石子小路也都是以京都为起点，从山梨、香川、兵库、冈山等地选购。庭院的施工由创立于1848年的京都"植弥加藤造园"完成，旗下庭院作品遍布京都名门古刹。END

1-5 客房

京都四季酒店
FOUR SEASONS KYOTO

撰　　文	My
资料提供	HBA
地　　点	日本京都
建筑设计	Kume Sekkei
室内设计	Hirsch Bedner Associates（客房、功能空间、公共区域和spa）
	STRICKLAND（鮨和魂寿司餐厅）
	Kokaistudios（Brasserie餐厅）
景观设计	久米设计株式会社、Landscape Design
开业时间	2016年

1 │ 2
  │ 3

1　前台

2　大堂阅览室

3　入口

日本的古都京都一直以其古典优雅的姿态吸引来自世界各地的旅行者，但其高端酒店市场，尤其是国际奢牌的进入非常缓慢，直到这两年才开始缓慢崭露头角。国际奢华酒店业的头牌之———四季终于在去年底进入京都。之前，京都的高端酒店业一直被"御三家"占据，而随处可见的格子窗、宽屋檐元素的传统和式旅馆亦是高端酒店业的主流。不过，京都四季并无意再大费周章铺设这样一座传统和风酒店，反而将现代日式的精致与简洁从日本的各地引到了京都，以一大片水景园林遮体，让京都最美的四季投影到酒店中。

京都四季的选址在幽静的东山脚下，在这片区域，宫殿庭院、寺庙神社林立，著名的三十三间堂以及京都国立博物馆就在其步行五分钟的区域内。酒店所在的庭院建

于 12 世纪的日本平安时代，是有 800 年历史的庭园"积翠园"，是被日本著名文学作品《平家物语》记载过的名庭。这样的选址本来就带有尊贵的立场。

酒店所在的地块其实是在一座古寺与积翠园之间的狭长地带，可供发挥的空间非常有限，但设计师却将其规划得别有洞天。对原址上的古庭院进行重生的时候，HBA 设计事务所将自己对日式居住概念的理解糅入了设计当中，以低密度建筑和传统园林这两个要素将京都的尊崇与充满侘寂的美学与西方奢华酒店品牌做了完美的结合。

京都是世上少有的四季分明、风光如画的城市，客人可安坐在酒店内，透过偌大的窗户欣赏春日的浪漫樱花、盛夏摇曳的竹林、秋季的绚烂红叶及柔软如毡的冬雪，

而这与"四季"品牌的涵义不谋而合，设计师在设计时就希望能突出窗外的四季变换的风景。回字形的主入口藏在一条与古寺一墙之隔的悠长石径尽头，设计师就将到达路径设置成一片竹林，令客人来到一片恬静宜人的日式庭院。空间宽敞的酒店大堂融入了四季的特色，一切仿佛永恒不变，却又变幻无穷。阳光穿透日式纸门投下柔和的阴影，地面以天然庵治石铺砌，令人联想起充满禅意的园林。

位于到达大堂与花园之间的全日餐厅是主要的公共空间，这个空间的设计汲取了京都传统的室内外连接系统，用框景的手法展示了户外的景观。酒店北面的花园和餐厅之间狭长的透明立面可以折射这些洒在花园池塘上和林隐间的光线，营造出清幽的禅意。

在整个酒店的设计中，传统的和风建筑元素如约而至，人们所熟悉的日式元素，比如大量使用的木质材料、用和纸制成的灯具、在和室中常用的障子，还有绘上了樱花等图案的漆器，在不同空间随处可见。

酒店共有 110 间客房、13 间套房（包括 1 间总统套房）及 57 间公寓，所有房间全部以和纸、拉门、屏风的形式体现当地风情，但却将室内的主线条简化，顺畅的几何线条穿梭在房间内，割开了一个个功能区域。日光在简朴的木地板上投下鲜明的影子，屏风上绘有当地艺术家的作品，充满东瀛风情。橡木窗框令户外美景成为视觉焦点，让宾客沉醉于京都传统气息之中，而榻榻米也带有日本纹饰，流露出浓厚的历史文化韵味。设计师很有心机地在室内调入了紫色为空间点睛。深紫色在日本曾经是禁色，

是三品以上官吏官服的专属色，是贵族阶层的流行色，而代表尊贵的紫色被请进房间后，也调亮了室内的色彩。

酒店的水疗中心部分也非常有意思，这个空间以石板小径及石桥瀑布等景致构筑出宁静祥和的空间。令人瞩目的室内泳池参照池庭建造，纵使室外寒来暑往，这里始终都是一处四季皆宜的休闲胜地。栖身于此，一切仿若亘古不变，却又似云卷云舒般变幻万千。泳池的设计透着诗歌的优雅风韵，幽然屹立在侧的日式凉亭既是对日本禅意之道的诠释，又别有一番"明月照幽亭"的迷人意境，让散发着静谧之感的室内泳池成为开启一座隐世之所的大门。

值得一提的是，在日本大行其道的丹麦花艺师 Nicolai Bergmann 也和京都四季强强联手，用花艺为空间加分，他的鲜花精品

铺也开在了酒店里。这位花艺师的风格与一般花艺有着极大差异，他从花卉植物品种到陈列摆设以及色调掌控、空间材质都跳脱了亚洲思维，融合了北欧和日本独特风格的感性设计。END

```
1   3
2   4 5
```

1.2 茶室

3 全日餐厅

4 宴会前厅

5 灯具细节

1		3
2		4 5

1　SPA 等待区
2　SPA 更衣室
3　电梯
4.5　泳池

1 2 3	5
4	6 7

1-3　总统套房
4　套房
5-7　客房

日月潭涵碧楼酒店
THE LALU SUN MOON LAKE

撰　　文	Vivian Xu
摄　　影	My等
资料提供	日月潭涵碧楼酒店

地　　点	日国台湾南投县鱼池乡水社村中兴路142号
设　　计	Kerry Hill
灯光设计	Nathan Thompson

　　台湾地区最美之景非日月潭莫属，清人曾作霖说它是"山中有水水中山，山自凌空水自闲"，日月潭就凭着这"万山丛中，突现明潭"的奇景,成为宝岛诸胜之冠。而台湾名楼也非涵碧楼莫属，它坐落在日月潭的涵碧半岛上，阅尽湖光山色，是许多台湾人一生都想住一次的酒店。

　　涵碧楼注定成为名楼，因为它在日月潭。从古至今，日月潭独此一楼。1916 年，日本人伊藤被日月潭美景所迷，在涵碧半岛建一别墅，取名"涵碧楼"。1919 年，涵碧楼被改建为一座二层建筑，成为官方招待所；1949 年，蒋介石到日月潭，觉其灵气逼人，便定涵碧楼为个人行馆。这段史料，游客可在"涵碧楼纪念馆"内看到。

　　1997 年，赖正镒买下涵碧楼原址，为了给度假客人自然轻松、独树一帜的气氛，特别聘请了设计过多家休闲度假酒店的设计师 Kerry Hill 操刀。据说，当时大师被提了两个要求：第一，要以中国传统审美语汇为设计语言，做一个中而新的建筑；第二，建筑要与周边环境"天人合一"。

　　Kerry Hill 在日月潭涵碧楼的设计中，坚持不复刻过去的设计，让建筑融入到当地的环境中而达到拥有生命感的目的。素来受到东方文化熏染的 Kerry Hill 用他对中国水墨画的理解，打造出了一座极具现代禅意的日月潭涵碧楼。他将其称为"前进式"（Ongoing Style）的独特风格，这种风格即使经过十年、二十年也不会觉得老旧，仍然是充满价值的建筑。

　　日月潭涵碧楼依山傍水，在规划设计阶段，设计师就不仅仅考虑到从客房往湖上看的感觉，同时也考虑了湖上游客看涵碧楼的视觉。因此，设计师在处理时着实下了一番功夫。在这里，所有的建筑、装饰无不勾画出横与竖的线形，巧妙地糅合了木、石、玻璃和铁四类风格迥异的建材，再加上灯光与日光的融合，坐落在山水之间，充满了中国传统的简约和禅意。Kerry Hill 这样解释自己的设计初衷："中国传统泼墨山水画提倡的就是水平线与垂直线交错的简约融合，日月潭本身就美如水墨画，水平线恰象征湖面，垂直线象征四周的群山。"酒店三面环湖，地理位置绝佳，设计师在整座酒店中充分运用了借景的技巧，利用众多镜面水池以及游泳池，巧妙地将日月潭的湖光山色都映入了池子的方寸之间。

　　设计师坚持了其独特的理念，将原本 400 套客房缩减为 96 套客房，使得每套客房都有宽敞的空间，包括起居室、私人阳台等，超大的面宽使得客人可以将 180° 的湖光美景一览无遗，而且，不论哪个角落，湖光山色始终在你的视线范围内。想看日出，不用出门，每个房间的阳台都是最佳瞭望点，躺在阳台的睡床上，拥着棉被，等待第一道曙光的出现也是别样的体验。此时，湖面上寂静无声，而蛙鸣也时有响起。阳光升起后，阳台上的光影也会有了变化。遇到雨天，日月潭湖面薄雾笼罩如纱，轻雾飘来飘去，当地人称此为"水沙连"，你会感觉尤如置身泼墨山水画中。每日 9 点后，游人乘坐的当地游艇开始营业，平静的湖边也开始喧嚣了起来。

　　其实，白天的涵碧楼会以素颜亮相，灰暗的色调与水墨质感的湖光山色融为一体，但入夜后，却在灯光的装扮下分外妖娆。其实，在设计过程中，灯光设计师 Nathan Thompson 就已介入，这位擅长利用凝聚视觉与投影效果突显主题的设计师，特别配合了日月潭涵碧楼因玻璃门与木条隔间的透光设计，借力使力地一方面利用自然光源强弱变化，一方面搭配特殊设计的灯光效果，让酒店依不同时间、场景，出现 7 种不同的光影变化，且所有光线都采间接反射光源，投影至林间、水面、廊道，甚至门号刷卡处都能发现极具美感的光之演出，让人感觉到"刚被太阳收拾去，却叫明月送将来"的诗境。<!-- END -->

```
  | 2
I | 3 4
```

1-4 别墅客房

肖迪奇诺布酒店
NOBU HOTEL SHOREDITHC

| 撰　　文 | 秋分 |
| 资料提供 | 肖迪奇诺布酒店 |

地　　点	英国伦敦
概念设计	Ron Arad
建筑设计	Ben Adams
室内设计	Studio PCH&Studio Mcla
开业时间	2017年7月

1.2 大堂
3 外观

Nobu 酒店集团由世界知名日本餐厅品牌 Nobu 与 Matsuhisa 餐厅之创始人主厨松久信幸（Nobuyuki Matsuhisa）创办。松久信幸是融合（Fusion Food）的创始人，也就是无国界料理的创始人及推广人。松久信幸1987 年在比华利山开设了首家以自己名字命名的餐厅 Matsuhisa，得到众多好莱坞明星青睐。如今，松久信幸在全球 22 个城市拥有 26 间餐厅，范围遍及五大洲，并在国际上屡获殊荣，开设在伦敦肖迪奇区的诺布酒店是该品牌在欧洲的第一家旗舰店。

肖迪奇诺布酒店位于具有艺术气息的肖迪奇区，由以色利当代设计先驱 Ron Arad 进行初始设计，由 Ben Adams 最终完成，五层的建筑使用了悬壁式钢梁结构，看起来就

像是一艘扬帆起航的大型游艇。酒店内部由伦敦当地的 Mica 工作室设计，在混凝土、玻璃纤维和钢材之间融入了日式美学的平和。大堂的背景墙借用了东方元素，用木格栅与粗糙的石质桌子进行混搭，而粗糙的瓦片也被设计师巧妙地堆叠成了富有特色的墙面。

酒店共有 143 间客房和 7 间套房，简约精致的设计融合了功能性与永恒性。每间都有颜色舒缓的屏风、由哈尼克区艺术家 Sichi 所做的抽象水粉壁画以及人字形床头板，里面的浴室则是由劳芬（Laufen）和松久本人亲自设计。

两侧是封闭式庭院和露台，一层由 PCH 工作室设计的松久餐厅是由主厨格雷

格塞里吉（Greg Seregi）进行管理的，他可以做出北海道扇贝配鹅肝酱、石斑鱼配日本柚子、番茄黄瓜沙拉以及黑松露。这间餐厅共有 240 个座位，设计师用原木结构在 340m² 的空间中，营造出了清爽的现代氛围。END

1　松久餐厅
2　酒吧
3　大堂

1		4
2	3	5

1-5 客房

杭州所见·西溪度假酒店
SAVOIR XIXI RESORTS HANGZHOU

资料提供	CAC卡纳设计

地　　点	中国杭州
设计公司	CAC卡纳设计
首席设计师	张炜伦
开发单位	杭州木欣园管理有限公司
面　　积	约4000m²
完成时间	2017年3月

2

1

I   建筑与庭院

2   散落水面并隐于林间的独立别墅

缘起

继与国际大师 Jaya Ibrahim 合作打造上海璞丽酒店之后，卡纳设计首席设计师张炜伦再度操刀酒店设计——杭州所见·西溪度假酒店。这是国际精奢酒店品牌所见（SAVOIR RESORTS）的开山之作，建筑设计由安缦法云建筑师郑捷先生担纲，延续建筑与地理环境、人文精神相融的风骨，演绎烟雨江南、中式美学。设计以"隐世"哲学，定制私密度假体验。

道法

酒店在留存的江南民居基础上修复、拓建，尽力避免干扰原生地貌。20 栋独立别墅，看似随意散落在野趣横生的 4 万 m² 广袤水域，却是卡纳设计与建筑团队密集沟通调整后才一一定位，为能使每一栋水上居所拥有开放观景视野的同时又静享隐匿。每一栋别墅各得其景，互不打扰。

溪行、访庄、游园、枕水、沐溪、提香、孤往、品梵，是酒店精心安排的体验之旅，蕴含书房、茶室、禅思、SPA 等空间，处处体现东方生活美学。设计针对每一栋建筑的布局、体量和独特的美感，定制不同的细节，以应功能之需。

和鸣

悠然的度假岁月，每个人都希望从都市得以隐匿，向天地敞开自我。为此，在空间设计上建立了自由、开放的秩序，室内外的关联、室内格局，无不传递"无边界"设计理念。在关系的处理上，着重表达与风景的融合与水系的融入。

窗，成为重要的媒介。传统中式建筑注重隐、闭，惯以镂空的窗格采光。在张炜伦的设计视角中，当代的中式建筑不应因循守旧，应当传递当代的居住精神，让天光水色满盈室内，无处不在。设计中以大面积开窗打破了建筑的闭合感，框架结构与明朗玻璃窗将室外的水云天与室内闲逸之心融为一体。户外露台、汤池的无边界设计，让歇息的居者与西溪静逸水域更为相融。

室内空间的序列不设实体隔断，仅透过装饰自然过渡。床榻、卧具、浴池均面向风景，带来深度的沉浸体验。晨起、闲坐、品茗、沐浴……每一个瞬间，都在风景簇拥与大景小景的环抱之间。

本质

所见·西溪酒店的建筑，沿用中式民居的白墙与灰石，仿若水墨留白。庄子曰："虚室生白，吉祥止止"，这样纯净、无求的状态，恰恰是度假心态的写照。设计以虚白与素朴的材质色彩，留下足以回味的余韵。

中式的框架结构，方方正正地素描出雅致的格局，利落切割的线条、半围合格栅，形成通透明朗的气质，也自然地过渡了室内外空间。在空间的上与下，透过延伸的床幔遮盖，避免层高带来的虚浮，让居者安稳入梦。在材质上，仅甄选灰色水磨石、白色涂料、温润木质等元素，以自然色系与天然环保材质，烘托质朴与低调奢美的气场。沿袭传统工艺的水磨石，以素雅清浅的米灰色，打破传统建筑的厚重感，烘托明快轻盈的度假感受。

金秋九月，历经 5 年雕琢的所见·西溪，终于正式揭开神秘面纱。归于西溪的隐世之道，唯亲眼所见，亲身所感，方有所得。 END

1　庭院

2　散落水面的独立别墅

3　白墙上的斑驳树荫

4　富有禅意与诗意的园林景观

馥兰朵乌来度假酒店
VOLANDO URAI SPRING SPA & RESORT

翻　　译	冬至
摄　　影	My
资料提供	馥兰朵乌来度假酒店

| 地　　点 | 中国台湾新北市乌来区新乌路5段176号 |

乌来，在当地原住民的泰雅语中就是温泉的意思，这里的居民以泰雅族为主。这座小小的山城有温泉、溪水、瀑布、青翠的山林，还有独特的人文景观，宁静、自在、浑然天成。台北人把它称作"上天的恩赐"，距离台北市仅45分钟车程，让此处成为都市人周末度假的不二选择。

静立南势溪畔的馥兰朵乌来温泉度假酒店是罗莱夏朵成员之一。罗莱夏朵是一个全球公认的顶级特色精品酒店与美食家餐厅品牌，它于1954年在法国创建，旨在弘扬独有的法兰西生活方式。而馥兰朵作为台湾地区首家文创酒店，以艺术打动人心。馆内处处可见原住民风情的石艺、原木作品，以及在地铜雕艺术家吴宗霖的艺术品，甚至还邀请优人神鼓的创始团员罗桑席让担任艺术总监。

区别于其他酒店的最重要之处，就在于其独特的艺术表演，最有名的当数下午的"棋不语"。"棋不语"的意向由"观棋不语真君子"而来，是酒店每日下午茶时分才可得见的"清心"仪式。只见两人身着白衫，坐定在蓝绿色的湖水前方，一派"仙风道骨"。面前的湖泊是由溪水形成的翡翠水库，不仅是台北人饮用水的来源，更赋予了酒店世外桃源的气韵。

周边原本享用茶点的客人都会纷纷放下刀叉，静观两位行礼、下棋。说是下棋，其实无棋。两人间或轻敲面前的铜钵，似是对话，一切行云流水，近乎无声。寂静之中，对岸山谷却传来一阵锣声，顿时山鸟惊飞。酒店所在的岸边，击鼓者也悄然就位。一时间，锣鼓齐鸣，缭绕山谷，沉浸于无声棋局的"梦中人"也就此惊醒，仿佛是接受了一次庄严的洗礼。

酒店建筑仿佛与高山融为一体，设计师将湖光山色引入了客房中。客房大面积的落地窗让人独览了山林的不同之美，甩开尘嚣喧嚣，享受光影变幻。馥兰朵共拥有23间客房，融合了台湾土著居民的生活习俗与当地居民的智慧，使其内部装饰富有一种独特的魅力。在私人浴室里，宾客们可以一边享受温泉水的滋养，一边欣赏湖中美景，独特的芳香疗法带给您全然的身心放松。

来馥兰朵的另一个念想就是泡汤。自然石材切砌的浴室，大片的景观窗尽收室外山水，仿佛置身于自然之中，听芬扬的观音石伴着潺潺的泉水声，静享如水时光，仿佛置身于自然之中。这里共有10间独立汤屋，可以让人不受干扰地享受汤泉洗涤。

餐厅是罗莱夏朵的标志之一，馥兰朵自然符合这个这个标准。依山傍水、三面落地窗幕的馥兰朵湖畔餐厅，不但能享受到乌来环山翠绿的自然，也能让人尝到令人惊艳的"创艺"料理。餐厅主厨布秋荣人称阿Bu，他被喻为台湾地区年轻一辈最有天份的主厨。阿Bu认为烹饪如同一门艺术，好比作画，总在不经意中创造出独有的特色料理，犹如神来之笔一般，有意想不到的效果及惊奇。这位天才主厨，凭个人的手艺、照自己的想法，以刀铲为画笔、以食材为颜料，挥霍创艺、演绎佳肴。阿Bu做菜很有美感，为了呈现丰美悦人的气质，他会藉不同食材的色、形，相互搭配、彼此帮衬，慢工细活的作出一道道佳肴。是很有想法且不匠气的"餐盘艺术家"。END

1	3
2	4 5

1   楼梯光影

2   建筑外观

3.5 餐厅

4   艺术表演

1	3
2	4

1.3 独立汤屋

2.4 客房

撰　文 ｜ 冬至
摄　影 ｜ my等
资料提供 ｜ 食养山房

地　点 ｜ 中国台湾新北市汐止区
设　计 ｜ 林炳辉

台北食养山房
SHIYANG TAIPEI

　　食养山房一直声名在外，被视为设计餐厅的代表作，许多外人对于其的评价是"来台湾，一定要去食养山房"。

　　从台北市去新北市汐止区的道路其实很漫长，没有班车前往，只能自驾或者包车，车出台北市区，还得在山道上盘旋数小时才到。快到目的地的时候，会有服务生拿着预约名单在此等候，待确认了是预定的客人，才可放行。

　　林炳辉年轻时是名设计师，经朋友介绍，租下一处偏僻地方的铁皮屋，本想用于仓库，顺便成为自己避世歇脚的地方。他曾经表示，最理想的样子，无非是"接些工程图来画，朋友来访，就泡茶招待他们"。但对美好事物的追求让他将仓库也打造得独具品味，受到朋友们的喜欢，最终他决定将这里经营成一个文化创意的人文餐厅。

　　这里其实已经是食养山房的第三个选址，就整体设计而言，与其说这是一个餐厅，不如说是一个隐居山野的文人书房或者说

日式茶室更为准确。空间基地占地面积较大，宽松的空间尺度比例，让每一位到来的客人都有一种隐于山野的感觉。

　　五号茶室掩映在一片佳木葱茏之中，几栋建筑就散落在这片翠绿的山林间，室内的家具极少，只有简单的桌椅和配饰，餐位布置得素雅清淡，简洁大方。耳边隐约听到轻声低吟的梵经颂唱，眼中所见就是充满东方禅意的风格，让客人在就餐时享受融入周遭自然的宁静与平和。

　　六号茶室从外部结构到内部陈设的主要元素都是锈铁。基地内原本有一栋70多年的传统石屋，手工修砌。设计师将其保留，并决定在其外面建造一处铁架子。一日施工，员工忘记盖防雨布，簇新的铁皮生了锈，林炳辉反而觉得生锈的模样与周边景致更为相容，就索性把铁皮做了生锈处理。在原本老屋的基础上向外延伸，扩展露台，又加盖了二楼，这座外观古朴低调的房子仿佛是与山、树、溪流一起成长起来的，

毫无突兀之感。露台之上，淡然雅致。空间内部舒朗、通透，山水风光就在窗外。

　　室内也布局极简，榻榻米和铁锈是主要的元素，最终设计师出人意料地使用了矽酸钙板这一建筑材料布置了茶席，却意外地与空间契合。屋里的竹帘本来是安徽当地做宣纸用的淘汰下来的旧竹帘，在这里却一帘多用：有的和玻璃黏在一起做了隔断，有的则直接做成了卷帘。竹帘将空间隔成几个相邻的开间，每个开间内各自开放，比邻而置而又各具特色，在虚实的空间中有着层层叠套的景致，既有室外的自然之景，又借了室内的人文之境。

　　与整个空间基调相契合的是食养山房不设菜单。在食养山房用餐，讲究的是五感体验，每道料理和谐地构成一幅美丽的画，每一道菜也是老板精采之后的自由创作。他只选用当季食材，搭配颇具艺术感的器器和经营者对菜色的巧思，在贩售健康料理的理念之下，更多了一重文化的寓意。END

例园茶室
TEA HOUSE IN LI GARDEN

摄 影	田方方
资料提供	大舍建筑设计事务所
地 点	上海徐汇区龙腾大道
建 筑 师	大舍建筑设计事务所
结 构 师	和作结构建筑研究所
设计团队	柳亦春、沈雯、张准、王伟实
景观设计	七月合作社
委托机构	例外服饰
建筑面积	19㎡
设计时间	2015年9月～2015年12月
竣工时间	2016年6月

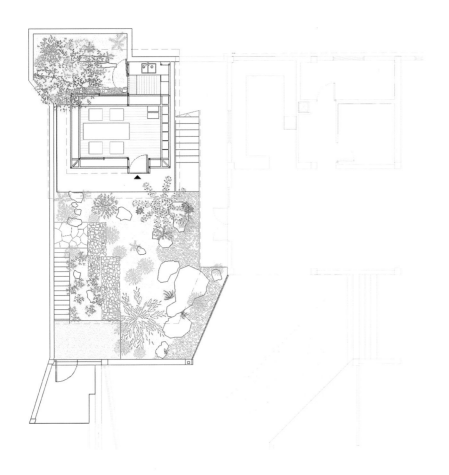

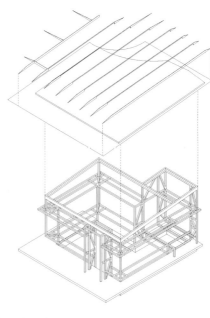

1　首层平面
2　架构轴测
3　茶室环境
4　檐外闲坐

例园坐落于例外服饰公司办公楼的入口处一个大约110m²的小院内。院内有一棵高高的泡桐树，树下拟修茶室一座。不大的院子里还有两座和旁边办公楼相连的楼梯，如何让茶室最小限度地侵占院子的空间，是设计的一个重点。

在位置经营上，首先让茶室尽量靠近院子西北角的泡桐树，树冠很高，所以直径约90cm的树干也将化为茶室内的重要空间构件。借助逼近的后墙，茶室后侧的小院空间也就有机会归入茶室的室内，从而可以尽量压缩茶室本身的面积。

在空间上另一个重要的处理是，先用一个浮于地面的混凝土基座来限定茶室的领域，再把茶室占地的部分尽量缩小，这样还可以更进一步延展院子的空间。而对于茶室内部，如果占地被缩小，而上部仍然可以大出去，可能室内感知并没有变得

更小，在室内"站立"和"端坐"的尺度感反而被强化了出来，甚至像"观看"、"专注"、"沉思"这样的身体活动与意识也能被暗示出来。茶室空间、院子以及人身体的关系是通过三层"悬挑"来刻画的：第一层悬挑位于离地45cm的位置，作为座凳的水平板上部归为室内，下部归为室外，当然，在面对庭园的南侧，座凳被置于了茶室外侧；第二层悬挑位于离地1.8m的位置，这样可以相对扩大茶室的内部空间感受，而茶室的外部檐廊下也不会影响人的活动；第三层悬挑是屋面的覆盖，它在南侧、北侧和西侧都定义了不同的外部空间，茶室占地19m²，而屋面覆盖则达到40m²，向不同方向延展的屋面加强了茶室和庭园的空间关系。

设计师着意选取了较细的结构杆件，无论竖向还是横向的结构构件，都采用

了统一尺寸的60mm方形断面的钢管。采用60mm粗细的方钢是意图和茶室绝对尺寸的小相适应，或者其意更在于削减结构对于空间的在惯常尺度上所产生的影响或印象。对于所有横竖支撑构建都采用相同的尺寸，是希望在满足受力的同时，又能有机会划入形式构成的游戏里，它既是建筑的结构构件，同时也较好地适应了家具的尺度，从而与人的身体建立了更为亲密的关系。

屋顶是8mm厚的钢板，屋顶保温上翻并由为了保持屋面钢板平整的钢板反肋固定，这些上翻的肋板修正了屋面仅仅由黑色防水卷材覆盖表面所产生的简陋和临时感，极薄的屋面边缘让这间茶室显得更为轻盈和准确。室内考虑到灯光布线以及更好的保温效果设计了吊顶，屋面梁被隐藏在吊顶内，空调设备则被布置在了地板的下面。END

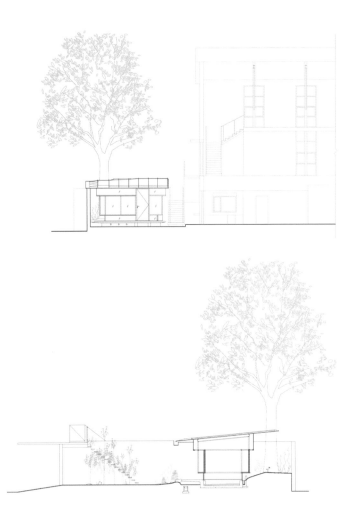

纸庵茶室
SHI-AN TEA HOUSE

翻　译	Arz
摄　影	Takuya Watanabe Photography
资料提供	Katagiri Architecture + Design

地　点	日本京都
设计公司	Katagiri Architecture + Design, Akinori Inuzuka Design
设计师	片桐和也（Kazuya Katagiri）
功　能	临时茶室
材　料	和纸
结　构	Jun Sato Structural Engineers
竣工时间	2016年5月

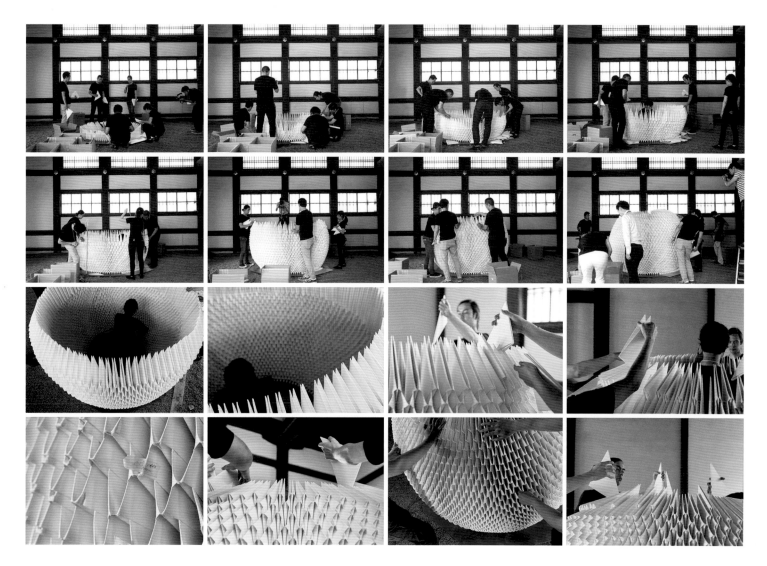

1　从入口看茶室内部空间

2　建造过程

3　独立单元的折叠方式

纸庵（Shi-An）是为 2016 日本文化博览会而建的一处活动茶室，位于京都"二条城"中。"二条城"是一座平地建造、极负盛名的城堡，建成于 1603 年，正是江户时代的开始。它历史悠久，现已列入联合国教科文组织历史文化遗产名录。

"转瞬之美"是这座茶室的灵感来源，这也代表了日本对空间和环境的价值观念。在结构元素上，茶室纯粹地采用和纸进行构成，通过传统的手法营造了一处充满当代感的精致空间。和纸材料本身是脆弱的，但通过折纸的方式，它获得了结构上的刚度，同时通过个体和单元的重复，形成了模块化的系统，并形成了茶室的整体。

每张 500mm×1000mm 的和纸折叠 8 次后，形成了独立的单元。每个单元拥有两处可以插入的"口袋"和对称的两"臂"。使单元之间彼此能够相互插接，并且不需要任何胶水粘合。这种简洁的连接方式使茶室可以更加快速便捷地建造和拆除，任何人在任何地方都可以轻易地重建和移动它，不需要进行基础的维护。

除此之外，折纸形式亦能以不同的叠加方式灵活地改变空间造型，并适应和容纳不同的功能。这种细胞状的结构如同生物体一般，能够进行着新陈代谢，持续地适应着周围的环境和自身的使用需求。

静观这处如游牧般的小茶室，它其中包含的空间体验正展现了日本简洁纯净的美学观念，传达了自然的神性与无形。🔳

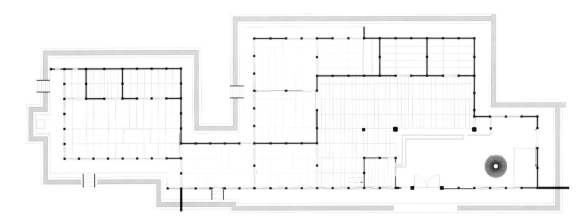

1　茶室尺度与建筑整体平面对比

2　游牧般的茶室可以在任何地方移动与建造

3　茶室内部空间

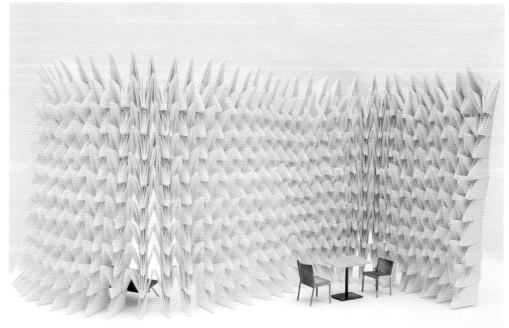

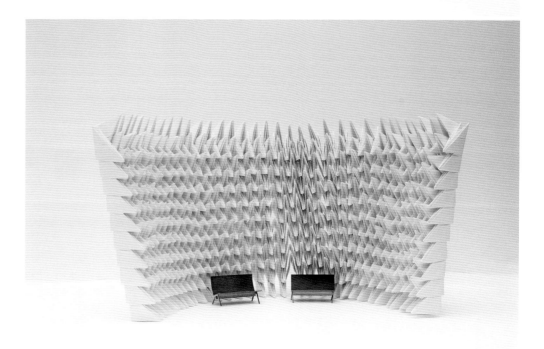

1	2
	3
	4

1　茶室

2-4　单元通过拼接组合可形成不同变化

光庵茶室
KOU-AN GLASS TEA HOUSE

翻　译	郑紫嫣
摄　影	Tokujin Yoshioka,Yasutake Kondo
资料提供	Tokujin Yoshioka Design

地　点	日本京都
设 计 师	吉冈德仁（Tokujin Yoshioka）
建设时间	2015年

I 茶室与主殿呈轴线对应

2 鸟瞰（摄影 :Yasutake Kondo）

3 棱镜效应下的彩虹光斑

日本人的自然观念以独特的空间知觉为特征，它常被描述为一种能量或氛围，来解释对周围的感官认知。而这种感官上对自然本质和自然之美的鉴赏方式，在日本茶道中得到了很好的展现。

光庵茶室源于一次名为"日本透明房屋（Transparent Japanese House）"的建筑计划，这项计划始于 2002 年。建筑的概念逐渐演化为透明茶室，具象化地展现了日本的文化形象。这项设计在 2011 年第 54 届威尼斯双年展的附展 Glasstress 上得以呈现。2015 年春，在该设计被提出的第 5 年，光庵茶室在将军家青龙殿建成。青龙殿位于日本国宝之一的天台宗寺院中，如同舞

台般向天空和自然敞开。这是光庵茶室全面完工后首次亮相于世人。

茶道文化最初是在封闭的小空间中产生的，而光庵茶室并没有传统茶室里悬挂的画卷、摆放的花和植被，它不仅是一处由传统茶室演变而来的现代化茶室，更希望通过茶道文化的重新阐释，追溯日本独特的文化之源。

铺设在地板上的玻璃在天光下闪烁着光芒，使人联想到水面的涟漪。在下午的某些时段，会形成彩虹状的光斑，那是阳光透过屋顶的棱镜效应折射产生的。这一切，使建筑看起来如同光的花朵 —— 清澈、美丽。

天空之下，自然以内，光庵茶室使人在澄澈、通透的空间中，感受到个体的存在。在意识层面，它更是茶道传统和日本文化的缩影。END

| 1 | | 4 |
| 2 | 3 | |

1　茶室与周围环境

2　煮茶

3.4　细节

悠久苑
YUK YUEN

摄　　影	田畑MINAO
资料提供	枡野俊明

地　　点	日本山口县防府市大字高井地内
建筑设计	石本建筑事务所大阪支所
建筑施工	熊谷组/藤本工业/藤井建设共同企业体
庭园设计	日本造园设计＋枡野俊明
造园施工	建筑周边（和泉屋石材店＋佐野晋一/植藤造园）
用地面积	12 916m^2
建筑面积	2 924m^2
造园材料	庵治石、白石鸟石、犬岛石、赤松、四照花、夏椿、山枫、日本铁杉、枝垂樱等
施工工期	2001年10月~2003年3月

1 | 2
  | 3

1 在入口大厅处，"启程之庭"展示在人们眼前，通过多层的空间和内在的意义将当前这一刻与未来的某个地点联系在一起
2 在廊道之外，"镇定之庭"通过柔美的景观打造出宁静的空间氛围，平整的砾石地面上有一处长满青草、栽种树木的高地
3 枡野俊明

世间万物终都将迎来各自生命终止的一刻，无一例可以幸免，所具备的形体也终将再次化为乌有。这是这座星球上，谁都无法改变的定则。佛者有云："生者必灭，会者定离"，便是告诫人们，生命每时每刻都在流逝，所有事物都不会停留不前，要珍惜当下，珍惜仅此一次的人生。

火葬场，是每个人生后都必须经历的地方，也是与亲人朋友最后告别的地方。这座"悠久苑"就是举行葬礼的斋场和进行火化的火葬场，斋场在建筑物副楼的位置。火葬场中央设有一个宽广的中庭，入口部分和火葬炉前的大厅隔着中庭相对而立，由走廊连接这两处。如此布局使得与室外空间的深度接触成为了可能。

这里的庭园分别民名为"清净之庭"、"启程之庭"、"镇定之庭"、"升华之庭"、"慈悲之庭"和"追忆之庭"，设计主题与人生终结的场景相对应，配合人的一生而使其充满故事性。

"镇定之庭"是以亲人们送别逝者去火化途中的"原野相送"为主题的庭园，展现的是使人们回忆起故乡风光的原始景色。大平山是防府市最具代表性的风景，庭园中的枯山水便以佐波川望到的景色为参考，创造出了沉稳宁静的空间。

"升华之庭"是火化区旁最先进入眼帘的空间，以圆形水盘作为中心，独具象征性与纯粹性。圆形水盘中的水以实际状态表现"天空"，水中倒映着毫无停息的流逝，也是再现了世间的"无常"。设计师赋予了一种期许，在这样一座环境特殊的庭园中，人们与逝者道别的同时，可以再次领会万物无常，因为无常而珍惜自己的当下，珍惜活着的日子。END

| 1 | 3 |
| 2 | 4 |

1 小型庭园"慈悲之庭"通过 6 个垂直形石质元素，融入了"守护"的空间主题

2 在"启程之庭"之中，厚厚的苔藓、石质带状结构、粗糙的石板与碎石结合起来，形成平衡的空间结构

3 当游客缓步穿过门厅时，会发现"镇定之庭"的空间轮廓展示了花园中不断变换的风景

4 在庭园空间内部，一堵简单的墙体将"升华之庭"与"启程之庭"分割开来

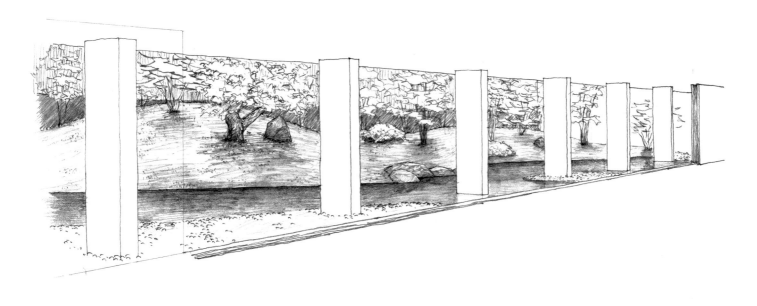

设计的背后：
关于雪月花餐厅的座谈

撰　　文	西西
摄　　影	张静（三像摄）
资料提供	上海黑泡泡建筑装饰设计工程有限公司

工程名称	雪月花日本料理
地 点	长春
设计单位	上海黑泡泡建筑装饰设计工程有限公司
主持设计师	孙天文
设 计 师	曹鑫第
主要材料	涂料、玻璃、榻榻米、"光"
面 积	1300m²
竣工时间	2016年11月

近日，由孙天文设计的长春雪月花餐厅以其简洁的造型、绚丽的灯光效果、强烈的空间氛围引起了大众的关注。那么这一切设计的出发点源于什么，在设计背后有些什么故事，作为设计师和消费者又是怎么评价这个设计的……2017年10月8日，《室内设计师》邀请了来自全国各地的一些设计师，齐聚雪月花餐厅，在著名设计师王琼的主持下，和设计师孙天文展开了一场现场的交流。

王琼（苏州大学金螳螂建筑与城市环境学院副院长，苏州金螳螂建筑装饰设计研究院院长）：今天非常高兴大家能来到雪月花餐厅的现场，进行这样一场面对面的交流。刚才我们都进行了参观，大家也在很多媒体上看到了雪月花的报道，不过还是先请孙天文老师就这个项目给我们做个简单的介绍吧。

孙天文（上海黑泡泡建筑装饰设计工程有限公司总设计师）：这个业主原来不是做餐饮行业的，几年前做了第一家餐厅，叫"味见"。在开第二家店时，我就和他讲，这个名字的风格指向性不好，不利于信息传播，所以建议业主把北方冬天漫天雪花静静飘落作为意象，那一刻是最美、最浪漫的时刻。我们就把那个时刻定格在餐厅里，并取名叫"雪月花"。这样从店名到设计风格一气呵成，这是最有利于信息传播的。雪花的概念来自于多年前一个酒吧设计时的灵感，但当时没有做成。

在做雪月花前，我让业主把第一家店的优缺点一一罗列，这样便于为第二家店提供经验。当时他提出餐桌太小了，但是我没有接受这个意见。从人的行为来看，如果每一道菜都慢慢上来，客人边等边吃，这样我们的食欲就会被激发出来，在无意识中多吃很多食物。如果把菜肴集中起来，一下子堆满桌子，我们反而会吃不下多少

了，请客的人也会觉得很有面子，节约了厨房成本的同时，客人也会觉得食品丰富、价格很值。

我将入口正面移到了侧面。如果从正面进，人们进来就看到楼梯，他不一定愿意往里面走，而且一楼大厅也不气派，二楼、三楼也都需要有相应的厅。与其这样，不如把入口放在侧面，让人流兜一大圈子，换好鞋后直接上电梯。这样楼上就不设大厅了，楼梯也不用挪位子了，并且营造了内敛低调的气氛。

对于餐厅，消费者最担心的可能是食品安全。所以我让业主用最简单的方式传达最干净的一面。我建议男卫生间小便斗前面放纯白的脚巾，他坚决不同意，要用棕色的，僵持的结果是用2个白的、2个棕色的。实验结果是选择白色的多，有些人宁可等白色的也不用棕色的。棕色的洗6次，白色的才洗1次。这充分说明，白

色约束和规范了人们的行为。

弧形空间我有意设计得非常安静。对面的操作台原来不是黑色的，我设计了蓝色的细长灯带，但始终不是很满意。直到从现场回来，在飞机上跟助手聊起这个局部时，突然想起舞台上聚光灯下其实背景是不存在的，舞台的主角是舞者。寿司台的主角是厨师，不需要主立面造型，于是马上打电话让业主把原来背景造型拆除，全部改为黑色。

王传顺（上海现代建筑装饰环境设计研究院有限公司总工程师）：雪月花传递给我们的是一种简约的精致。设计者通过灯光材料、平面布置、公共空间的过渡让人安静下来，通过过程的享受，营造了氛围。没有功力的一般设计师是不敢这么做的。我想问一下，灯光坏了怎么换？

孙天文：事前有考虑，都设有检测口。

叶铮（上海应用技术学院环艺系主任、副教授）：雪月花的照片我在微信上看到过，今天来到现场还是让我很吃惊。最早

认识天文是因为他设计的月亮神餐厅，其实这些年他的设计理念一直没有改变过，很执着。现代、简洁、理性、优雅，注重功能。今天听了天文刚才的介绍，我很有感触，我觉得这是一个成熟设计师的一场典型讲话。我们作为室内设计师，当把自己的作品呈现出来的时候，已经是个句号了，真正的战场其实在这之外。我不认为设计师只懂设计美感、不懂经营，其实设计师是在带动经营、创造经营，甚至领导经营。天文刚才讲的都是隐藏在设计之后的东西。一个成功的设计师，他通过设计作为创作途径，从中策划经营定位、分析市场以至于考虑如何去发展市场，而不仅仅是我们看到的光、色、材料。一个真正好的设计师，对市场、对商业、对潮流、对人、对心理都是很有研究的。

另外谈个严肃的问题，我发现我们这个时代有很多陷阱。前几年我特意去美国纽约体验酒店，但当踏入酒店的瞬间，我非常吃惊，这个酒店很一般，完全不是照片

片上看到的那样。仔细研究了一下，照片上所呈现的效果完全归功于摄影师的再创作，完全是"P图"的结果。"P"的不是形，是光、色，是层次，提供了一个全新的空间体验。这种情况不仅仅是美国，我们国内也很多。而雪月花是和照片上是一模一样的。

王琼：我们不应该就设计谈设计，实际上这也是给年轻的设计师提个醒。

刘学文（东北师范大学美术学院环艺系主任）：雪月花是将灯光作为一个重点来设计的，但它又不仅仅是灯光的问题，一切都是为了氛围的营造。从我们长春地区的角度来说，非常需要有一些特殊的作品来引发一些震撼效应并引起大家思考。

高超一（苏州金螳螂建筑装饰设计研究院设计总监）：我是从公司的年轻人那里知道雪月花的，从他们的言语中能听出来，他们看到的仅仅是形式上的东西。他们会认为孙老师碰到好机会了，如果我碰到，我也能做出好作品。其实他们根本不

知道设计背后的那么多背景，不知道当你没有足够的积累，机会摆在面前，你也会无从下手。而且你必须有很好的准备，才可能碰到好的业主。我自己做设计的时候对灯光是最没有把握的，当等到公司的灯光小组来配合时，只能祈祷：上帝保佑吧。我记得叶老师说过一句话：好的灯光就像新鲜空气，不好的灯光就很浑浊。

叶铮：这其实是解释一个数据。灯光里面有个概念叫显色性，显色性不好的灯光就像呆在雾霾的空气里；显色性好，就会感觉光很透、空气很新鲜。但是你用显色性对业主施工队讲，他们都不懂。只有现场比较，两个50w的灯打在相同的地方就有比较了。只有比较看到了，才能知道，但知道了也不一定能改。

王琼：苏州美术馆起初为了省钱，用国产的灯泡。后来做了个实验，发现了差别，为了展览的效果增加了几十个灯。

天文的设计有始终如一的审美信仰。只是变得更成熟了。我想如果当年，这个构思在酒吧设计时实现的话，不一定能有今天做得那么成功。

齐伟明（吉林建筑大学设计学院院长）：天文是个很执着的人，甚至有些固执。它的发展路径是与别人不同的，当大家在模仿港台和北上广的时候，他在研读国外建筑大师的作品，他从不迎合别人。一年前我看到雪月花的效果图时，就很震撼。开业时人很多，感觉没有效果图的效果好。今天是第五次。我第二次来的时候，人比较少，楼上楼下走了一遍，静静地感受了一下，逐渐感到现场超越了照片，真正是厚积薄发。日本的和式风格、禅宗思想、东北特色，通过他一贯的简约风格得以融合。天文的作品以前看不到地域文化的体现，而在这个作品中得到了体现。

孙天文：我一直认为，设计是解决问题。如果做商业设计，你不能给业主挣钱，那就是耍流氓。我们做设计的时候，首先要实现业主的理想，如果有本事的话捎带

着把自己的理想也实现了。我之前以为北方对于简约很难接受，但是味见餐厅的成功给了我很大的信心，所以雪月花就顺势而为。

王琼：我理解日本的设计中光很重要，材质和表皮也很讲究。他们的陶器追求的就是不完美。雪月花的平面布置和空间控制还是非常好的。地下室的弧形空间特别安静、亲切，和通道及对面的吧台又有一个非常有机的关系，顶到头又看到一面蓝玻璃，和开始的蓝玻璃有了呼应。今天上午我在路上和赵尔俊老师谈苏里科夫戏剧化和场景化的话题，我觉得有点像。一进来很塑造场景，我以为是水，黑的，然后是白树影子，有意转了一下。但是原来的门现在还没有封，那块还是要处理一下的，现在太直白，很破气场。那边电梯和小走廊都做得很好，一气呵成，但是在门那里漏气了，所以要处理一下。我感觉表皮肌理不够，太光，不够自然。如果材质再有语言的话，那就档次高了。再把走廊内某

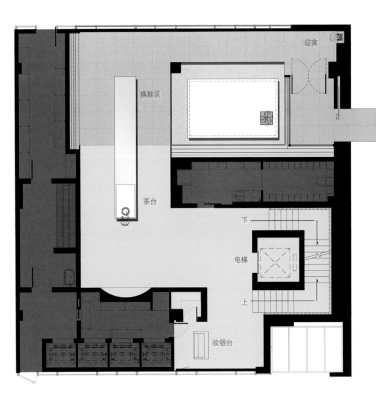

几个顶灯关掉，可能气氛会更好。

李文（深圳装饰设计总公司东北设计院院长）：雪月花在很柔地讲一个故事，用现代的手法传递了一种日本的精神。作为餐厅，它首先是好用的。我们在这里感受到生活是设计，设计是生活。雪月花给予我们的不仅仅是美食，同时精神上也得到了享受。

陈卫潭（苏州大学金螳螂建筑与城市环境学院教授，苏州金螳螂建筑装饰有限公司副总设计师）：十几年前，天文在金螳螂的时候，喜欢看迈耶、看柯布、看安藤的作品，他在心灵和精神上和他们是相通的。雪月花是天文心中的一个理想的餐饮空间，感动了自己，也感动了大家。我进门就感觉它很纯净，并不拘泥于传统的日本做法或者其他。该用现代材料就用现代材料，主题的展开、空间的映衬、手法的应用，一切都为营造空间气氛。同时与营销手段相结合，打造产品的品质感。简约并不是没有设计，而是设计的手法非常简练，反映出事物的本质内容和精神内涵。

王琼：美盲比文盲更可怕，所以形式还是要的，美育非常重要。美反映了一个人的品格。每个作品放到社会就是一个导向。

叶铮：我们从设计的商业性成功谈到了社会价值。设计的价值不仅仅是给老板带来利润，雪月花同时也给长春带来了正确的审美，它给城市带来了一种品格、一种气息。其实这审美背后是品格的体现，作品不大但影响可以很大。

赵尔俊（著名画家）：这个作品中，我感受了天地，把东北最美的瞬间表现了出来，同时它又直指人心，调动了人的全部感官，所以你会被它感动。

王琼：今天一路上的体会，我感觉农民是最好的景观设计师，那高粱地、玉米地、麦垛和大地结合得那么好。高老师说得特别好：我们不能和天地斗，我们只能顺势而为。

曲延波（吉林省室内装饰协会会长）：我做设计那么多年，感觉设计的责任在这里。雪月花的高度在于设计师真正深入了解社会与现代人生活之间的关系，将今天生活中对美的需求和对未来的愿望，通过设计得到了满足，也给未来以启迪。作为一个设计师的思考，影响了业主，得到了业主的信任和社会的认可。雪月花给长春带来了一种突破和颠覆。

付养国（北京朗圣装饰设计有限公司）：雪月花看似无形，却把人带入另一个境界。巨大的气场，使身处这个环境的人忘记自己的身份而去静静地感受。它能给人反思。

张强（雪月花现场装饰工程负责人）：前年看到雪月花效果图纸的时候，我也是有质疑的，效果图太炫了，能不能做出这样的效果。去年五六月份，拿到施工图，看了一整夜，非常激动，想象着每张空间图纸施工后会是怎么样，这份激情使我从2017年6月18号正式开工到11月25号开业，在这个期间，每天都在工地上。施工过程中也碰到了不少问题，比如一楼的月亮，他们都要在月亮后面留根电线，后来在我们的坚持下，没有用。通过雪月花的现场，我们学到了很多东西。

王琼：我觉得雪月花的材料和工艺可以更好、更讲究，这点我们应该向日本学习。

尤东晶（苏州大学金螳螂建筑与城市环境学院教授）：作为设计师是需要积累的，以前说建筑师是个年老的职业，其实室内设计师也一样。我想雪月花的成功不是偶然的，它是天时地利人和的结果。孙老师的作品我以前也看到过，但今天能了解设计背后的故事，则更有助于我们认识这个作品。同时从孙老师最近的几个作品中，我们不仅看到了他设计的日益成熟，同时也看到了社会接受度的提高、人们审美力的提高，这是值得庆幸的。 **END**

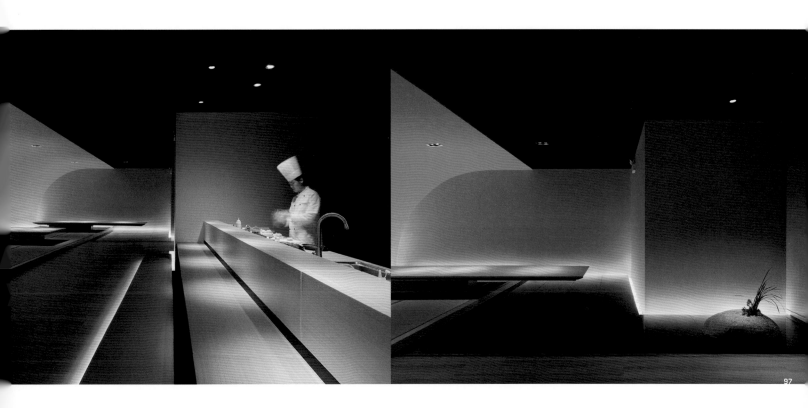

任力之：
以逻辑
赋予建筑"生命力"

采访、撰文 | 郑紫嫣

1966年出生于重庆

1986年与1995年分别获同济大学建筑学学士与硕士学位

1995年~1996年任香港大学建筑系访问讲师

1998年就读于北京首都师范大学法语系

1998年~1999年就读于法国巴黎 l'Ecole d'Architecture Paris Villemin，并于 Jean-Paul Viquier 事务所实习

1986年至今就职于同济大学建筑设计研究院（集团）有限公司，现任副总裁、集团总建筑师、建筑设计二院院长（兼）

中国建筑学会资深会员，香港建筑师学会会员

教授级高级工程师，国家一级注册建筑师

2003年首届上海青年建筑师新秀奖金奖

2012年入选当代中国建筑设计百名建筑师

"同济八骏"之一

建筑设计代表作包括非盟国际会议中心、北京建筑大学新校区图书馆、米兰世博会中国企业联合馆、东莞国际会展中心、同济大学校门改建、浙江省公安指挥中心、上海哈瓦那大酒店、东莞市图书馆、东吴文化中心、井冈山革命博物馆等。

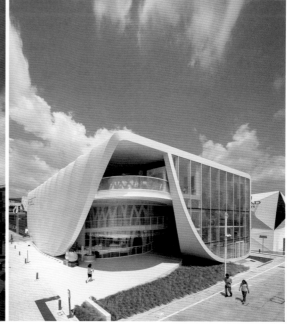

| 1 | 2 |
| | 3 |

I.2 设计作品：2015 米兰世博会中国企业联合馆

3 设计手稿

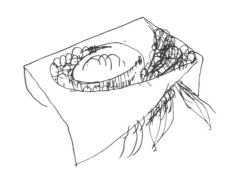

ID =《室内设计师》

任 = 任力之

ID 1986 年从同济大学建筑系本科毕业后，您就进入同济大学建筑设计研究院工作，至今已有 30 年。在多数人眼中，您是一位典型和成功的"大院建筑师"，这条道路是您一开始就为自己规划好的吗？您觉得大型设计院的项目特点是什么？

任 我大学毕业那时候，择业是国家分配制度，个人选择机会不多，所以毕业后留校，开始了自己的教育与职业建筑师生涯。虽然其间有过几次出国学习与交流的机会，但都选择了回来。工作多年，适逢国家经济持续高速增长，最能反映当代中国城镇面貌的变迁特点莫过于兼具技术复杂性、功能综合性的"大项目"，而这些项目基本上是由大型设计院为主承担设计。当然，中国建成环境的进步不能仅仅依靠建设规模或以量取胜。就个人而言，主动聚焦这方面的思考，积极应对社会、经济发展的挑战，探索高技术难度"大项目"的学术创新与文化性。

与此同时，近年来我也不断涉足"小项目"，如数千平方米的世博会展馆、小型历史陈列馆等等，深入诠释建筑的物质环境、形式意义及其内在复杂性。对于个人而言，我关注的是如何珍惜好项目的机会，做有意思、有价值的建筑创作。

ID 1990 年代在香港和法国，您有过一段时间的交流经历，是因为什么样的机缘？

任 1995 年，我得到香港大学建筑系为同济建筑系青年教师提供的访问讲学机会。赴港交流期间，我在香港大学建筑系兼授了部分课程，并在香港的事务所进行了一段时间的实践。那次交流为我创造了尝试用国际视野观察与思考建筑问题的机会，也是第一次在相对国际化的氛围中，体验设计创作，让我感受到建筑师不应局限于小的格局和惯性思维框架。另一方面，港大的英文教学环境也与当时的同济截然不同。无论从专业还是语言上，对那时的我而言，都有很大的促进。

从香港交流回来后不久，1997 年法国时任总统希拉克提出"50 位中国建筑师去法国"的文化交流计划。报名后，我很幸运入选。1998 年在北京接受了法语培训，9 月赴法交流。我在巴黎建筑学院 Paris Villemin 学习，同时也在法国著名的 Jean-Paul Viguier 建筑事务所实习。我至今记得当时所选的一门课程"Habiter a Paris"，教学场景历历在目。这门课程由 Villemin 学院与 Belleville 学院共同开设，旨在通过巴黎居住这个课题，让学生全面了解巴黎城市历史、文化、建筑与生活。回想起来，那段留学经历，让我有时间系统地研读西方建筑思想，从教学角度，真实地体验了法国和其他西方国家的建筑学传承方式，同时也直观地感受到了法国建筑师同行的执业态度。

ID 目前除了建筑创作，您还有集团管理者等其他身份，不同工作内容间的比重大约是多少，是否能取得平衡？

任 目前我的工作角色大约是三重，一是作为管理者和团队组织者、协调者；其次在同济大学建筑与城规学院带研究生，参与教学工作，每年有十余名学生，我会与他们进行面对面地交流和指导；三是进行建筑设计和创作，这是压力最大的部分，时

1	2

1.2 设计作品：非盟会议中心

间和精力上大约占了一半。角色间的转换是比较复杂的一件事，不仅要考虑团队的发展和建设，同时也要关注自身专业和学术上的思考。这样的状态，并不只有在大型设计院的体制下才会遇到，如果我目前身处境外事务所或中小型设计公司，会面临同样的思考。

ID 您与团队中的年轻一辈的建筑师之间，是怎样的工作方式？

任 目前，我们的团队有很多项目在同时进行。从数量来说，如果每个项目我都面面俱到、非常细致去把握任何一个细节，这不太可能，也没有那样的时间与精力。不同项目有不同侧重点，有些项目我会参与得相对完整深入，有些我更注重全局的把控。团队中的年轻建筑师，基本上与我都能保持面对面的沟通，通过开会和探讨等方式推进方案进展，我们团队的工作方式是非常直接的。

ID 非盟会议中心作为您的代表作，同时也是同济大学建筑设计研究院近年最核心的项目之一。作为具有国际影响力的重要援外项目，它有哪些特点与难点？

任 非盟会议中心项目拥有其特殊性和重要性：援外项目在造价控制上有非常高的要求，其审批流程非常复杂。国家层面上，它需要向世界展现中国建筑设计和施工管理的最高水准。从 2007 年到 2012 年，共 5 年的设计和建造过程中，由于时间跨度大，功能上经历了不断调整，满足使用需求的同时，需要对建设时间和经费上进行控制。在与非盟方和商务部的沟通、汇报过程中，我们尽可能完整地理解并实现各方需求。这些对于团队都是很大的考验，我们在多方协调工作中付出了不懈努力。

另一方面，由于建设地在遥远的非洲，施工与原材料供应条件并不是很好，同时涉及非常多的部门。整个过程得到了商务部和非盟方强有力的支持，为项目做了大量前期与后期的协调工作，进出口环节得到了海关方面很好的配合，保证货物能及时运抵现场。商务部设置了现场协调委员，对设计和施工予以高度支持。如果离开这些支持，所遇问题克服起来将十分困难。

设计与施工方的配合起初并不十分顺利，设计层面需要通过不断的调整以反映需求变化，而施工方则更希望尽早且顺利地完成施工。在成本控制上，施工方希望设计效果与所选材料的造价之间能取得一定的平衡。在各方相互理解、尊重的基础上，通过不断磨合、讨论，最后达成一致，竣工后效果十分理想。2012 年初项目交付时，各方对建设成果均表达高度评价，称赞其为"中国援外标杆性的项目"。

ID 面对遥远国度诸多未知的情况，为了最好地完成项目任务，团队做了哪些方面的工作？

任 投标初期，我并没有去过埃塞俄比亚，对非洲大陆并不熟悉，对于项目的理解也并不是很深入。许多国人对于非洲的理解可能过于单一和概念化，事实上非洲是一个充满多样性的大陆，不同国家经济发展水平差距很大，有的地区非常贫穷，有的地区则相对富裕。对非洲与非盟进行考察后，真正了解到非盟组织对于非洲国家的重要性，也了解到中国在非洲的影响力。在非洲人民心中，中国拥有非常好的形象。

设计初期提交的方案中，更多延续了以往国内大型会议中心的设计模式，但非盟方希望更多地结合地域和文化上的期求。在他们的心目中，这座崭新的非盟会议中心展示了非洲未来的发展。首先，它

1.3　设计作品：遵义市娄山关红军战斗遗址陈列馆
2　设计手稿

不应是单纯意义上传统文化的再现，而应该体现现代性；其次，它的形象应当是非洲人民喜爱和容易引起共鸣的形式，并不过于深奥或学术化。

为了最大程度地理解与实现非盟方的期许，我们与许多同济大学的非洲留学生进行了交流，将过程方案向他们介绍，欢迎他们从不同角度提出意见与建议。非洲留学生们希望这座建筑造型能够结合非洲人民的审美偏好，更加生动。最终方案得到了非盟委员会与国内主管单位商务部的认可。我也曾经考虑在建筑上更显著地展示中国文化元素的可能性，但最终放弃。一方面考虑到部分海外政治家们警惕于中国在非洲的巨大影响力，另一方面，在非洲国家的政治舞台上过多地直接渲染非洲以外国家的文化，也似乎不妥。"非盟总部"的特殊语境，让我真实地体会到符号学里的"能指"（Signifier）与"所指"（Signified）所蕴含的建筑学意义。

ID 这样重大的项目拥有怎样的团队？作为总建筑师，您与团队是怎样进行配合的？

任 从方案投标到建成，参与团队十分庞大，包含建筑、结构、机电、室内、景观、幕墙、声学、灯光、概预算及勘探等，团队的每一位成员都以非常积极的状态投入项目。在方案前期，团队收集了大量场地情况的相关材料，做了非常多前期方案的研究与推敲。方案创作小组的所有成员都参与评判方案的合理性、讨论方向的可能性。

在方案后期，由于项目体量和内容的复杂性，我们将建筑整体分为多个部分，包括高层区域、中央 2500 座大会议厅、中小型会议厅、公共空间等，每个区域都由专门的小组负责深入。在方案深入过程中，不同小组将所遇难点与重点提交出来。作为项目总建筑师，每个区域和所有重要细节，我都会参与讨论与进行决策。虽然由于各方面的权衡，并不是所有决策最后都能付诸实施，但从设计层面来说，团队提

交的所有内容都是经过审慎研究的。这样的工作模式最终被证明十分有效：它确保了项目整体思路的把控方向，确保了建筑整体语汇的完整性。通过不断的肯定与否定，最终成果无论从任何视角来审视，都经得起推敲。

ID 从米兰世博会中国企业馆到非盟会议中心，作为走进非洲和欧洲的创作践行者，您如何看待中国建筑师走向海外这一趋势？

任 随着全球化的发展，中国建筑师走向海外已是大势所趋。过去几十年中，中国建筑师走向海外大多是国家层面的政府援助，而非市场行为。我认为随着国力的增强、经济的发展和国际影响力的提高，今后它更多地会转化为商业与文化行为。中国的文化和设计力量逐渐被世界所熟知，建筑师不断受到邀请进行海外创作。从1950 年代至今，一批中国优秀的建筑师已经在海外积累了许多优秀的实践作品，这

是值得高兴的现象。中国建筑师不断获得国际大奖，比如普利茨克奖、阿尔瓦·阿尔托奖等。国际建筑界的认可，不论是从文化上还是心态上，对中国建筑师走向世界来说都是很好的契机，起了很好的推动和鼓舞作用。

ID 您对于建筑领域全球化和本土性之间的看法是什么？

任 对全球化的理解有物质与思想两个层面，物质层面的全球化提供了中国建筑师走向世界的平台。思想层面的全球化则与文化相关，实际上是以不同方式构建地方性的过程，且更加彰显不同文化的边界与多样性特点。建筑介于文化与自然之间，其独特性在于很大程度上涉及与自然的关系。建筑的全球化应该是"自下而上"，使本土性或地方性的优点和属性得到前所未有的解放，而非相反。

ID 最近有什么新完工的项目？

任 近期进入收尾阶段的有娄山关红军战斗遗址陈列馆，总面积约 5000m²，体量并不大。这个项目的建设位置很特殊，它处于景区中通往遗址的道路关口上。几乎所有中国人都熟记毛主席的诗词《忆秦娥·娄山关》——"雄关漫道真如铁，而今迈步从头越……"，其磅礴气势被淋漓尽致地展现出来。这是一个山谷里的博物馆——蜿蜒曲折的山道穿越高低起伏的地形，宛如一条用石块编织的地毯。我们从场地出发，最终呈现的建筑在环境中十分消隐，人们进入场所后，身体在高低不平的表面上每走一步，都有应接不暇、交替变幻的三维景观，通过身体的移动来感知场所。通过建筑本身、建筑与周边环境的结合、景观的重塑和再现，让人感受"苍山如海，残阳如血"的境界。从目前建成状态来看，基本达到了预期的设计效果。

ID 有一类建筑师是"场地建筑师"，注重灵感和概念在现场的生成，比较感性。有一部分建筑师更关注逻辑和理性的推敲。

当您面对不同的场地，是以怎样的方式进行方案思考？

任 我在建筑创作和项目间的转换上跨度较大。比如刚才提到的娄山关红军战斗遗址陈列馆，面积有约 5000m²，而米兰世博会中国企业联合馆，只有约 2000m²，目前同时在进行的还有一些体量巨大的项目，一幢单体可达一百多万平方。过去做得较多的是城市建筑，在城市肌理和生活模式下进行创作。近年来接触的许多项目，场地类型更为多样。无论如何，创作都不应是坐在办公室中，去凭空想象其状态与面貌。应该通过对场地的观察与思考，寻找到意图建立的关系。无论是逻辑上还是空间形式上，建筑都必须与场地发生关联，才能自然生成。建筑是综合性的思考结果，我比较注重理性的分析，但建筑设计并不应当完全归于理性，有时加入即兴和感性的内容，才能真正成为有活力的设计。

ID 从之前的项目到最近几年的项目，您的

1-3 设计作品：北京建筑大学新校区图书馆
4 设计手稿

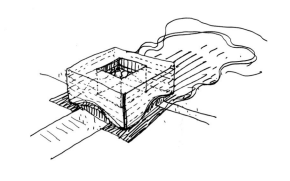

设计理念或者说关注点有没有什么变化？

任 早些年，我刚开始进行建筑创作时，学习和理性思考层面的内容更多。现阶段的创作中，手法未必更多，然而更聚焦于建筑本身内在的"生命力"。建筑应当是符合逻辑的，并从场地环境中生长出来的，它不是简单的体量堆积，而应当呈现出内在的生命力。

如何赋予建筑生命？我时常和团队里的青年建筑师交流，观察自然界，什么样的自然环境会生长什么样的生命体？为什么它以不同的形式存在？同理，在进行创作时，当思考清楚这样的关系后，建筑与环境就会呈现出和谐的状态。创作不应完全随心所欲，一旦主观臆断就容易产生混乱。

简单地说，"生命力"是一种逻辑，是一种内在结构的逻辑，也是关于场地的逻辑。场地的状态、自然气候等因素会影响建筑的走向。同时它也包含文化因素，面对不同的文化，我们应该思考用什么类型的语汇去回应，这也是一种逻辑。

ID 建筑美学效果的背后更多是技术上的支撑。目前设计的技术手段越来越成熟，如BIM、绿色技术，表达手段也越来越多，如3D打印等。相比过去，设计、推敲方案等方面有没有什么变化？

任 技术的影响力是绝对的，通过技术的发挥，可以让它在与设计相适应和匹配的状态下进行。数字革命改变了人的思想与行为，更重构了人们的生活方式、生产方式和社会生态治理模式。如果说建筑学千百年来以体系演变的方式存在与发展的话，未来可能会呈现愈加碎片化、无根化的状态。以数字技术为核心的科技革命在颠覆传统的同时，亦构建了数字时代的建筑生态：从虚拟化、网络化的建筑咨询业，大数据、云计算引领的设计协同，到新型材料技术支持下的空间架构与形态衍生，当代建筑实践亟需将数字技术作为文化表意的手段合理运用。

ID 您认为建筑师的的创作源泉是什么？

任 专业上，我希望自己即使毕业后也能时常保持学习的状态。阅读的选择上，我比较关注哲学、建筑本体理论研究等方面的书籍或论著。我觉得建筑教育应强化哲学、心理学、经济学等多学科与建筑学的关联性，从而更深层次地建立建筑学与人类文化、社会经济发展的对话和联系，让学生们尽可能关注不同的领域，培养更广泛的视角，比如关注政治、经济、文化等各个层面的相互作用，关注它是如何影响我们的思维模式。

当然，作为建筑师，我非常关注形式，却也更愿意去思考产生这样结果的原因以及背后的决定因素，这关乎建筑的逻辑性与生命力。在这点上，我比较赞同结构主义的某些观点：对世界的把控，并非只看事物本身，而在于事物之间的关联，这是一种很好的思维方式。我会建议学生们去关注目前建筑学比较热门的观点和分支领域，诸如建构、本体理论、计算机技术、人工智能等，普遍地去涉取知识。

此外，在工作之余，我也保持一些习惯与爱好。比如摄影，因为我喜欢观察与尝试对光与影的表达。另外，尽可能地去健身房锻炼身体，比如坚持游泳。建筑师需要保持健康的体格，因为建筑设计还真是一个体力活。 END

大阪康莱德
CONRAD OSAKA

撰　　文	My
摄　　影	My
资料提供	大阪康莱德
地　　点	日本大阪市北区
设　　计	日建空间设计
共同设计	桥本夕纪夫
开业时间	2017年

1　大堂入口
2　前台

作为希尔顿酒店品牌旗下的奢华酒店，康莱德一直致力于打造"真我奢华"的度假风。经过漫长的等待后，日本的第二家旗舰店——大阪康莱德终于开门营业。大阪康莱德位于大阪中之岛的"庆典之城"，业主是朝日新闻，大楼除了顶部的康莱德酒店，还包括香雪美术馆。中之岛地区向来以各类不拘一格的艺术博物馆、音乐厅而著称，距离著名的梅田和难波地区也仅数步之遥，是感受大阪人文活力的好去处。

作为标准的城市酒店，大阪康莱德依然坐拥美好的大阪城市天际线。设计师以天空别墅（Villa in the Sky）作为主设计理念，意图将城市高空的空间打造成如同别墅逗留般的舒适性，并创造出其带来的别样体验。在这样的理念指导下，风和光等这些自然现象都被纳入设计中，使之不仅在室内设计中体现出来，同时也在艺术家们为空间创造的作品中反映了出来，展现了一个现代与传统并存的世界。

大阪康莱德的空中体验是从40楼开始的，酒店拥有时尚的大堂、餐厅以及客房、婚礼教堂、宴会厅、健身中心和水疗中心，到处可以欣赏到优美的江景及大阪迷人的景观。位于40层的40 Sky Bar & Lounge紧邻大堂，在江景和市景毫无遮挡的背景下提供现场音乐、鸡尾酒与简餐；充满活力的法式全日餐厅atmos dining提供本地与国际美食。

同样位于40楼的KURA餐厅和C: Grill餐厅共用同一个入口，在空间上产生延续性，入口右手边的kura是家创新的日式料理餐厅，这家餐厅的设计将传统日式形式与现代设计元素相结合，营造了充满戏剧性的用餐体验，厨师在私密餐台上切片、煎炸和烧烤，寿司爱好者也将享用大量时令鲜鱼；C: Grill餐厅则在入口左手边，餐厅的入口处就会展现出最新鲜的诸如龙虾、牡蛎、蟹等甲壳类动物，这是大阪首家引入甲壳动物"点餐"的餐厅。

客房从基础房型50m²起跳，设计简洁优雅，前卫时尚，还加入了许多东方元素。

第一眼感觉并不是那么传统的康莱德风，相反十分素雅。而66m²起的套房更是采用时尚风格装潢的典范，并融入日本传统设计元素，可透过落地窗欣赏绝美的市景和江景。值得一提的是，大阪康莱德酒店首次在日本市场提供希尔顿电子房卡，客人能够以数字化方式登记入住、选择心仪的客房并使用手机客户端替代实体房卡。希尔顿电子房卡计划是酒店业首个推出的移动应用解决方案，其是通过Hilton Honors移动应用提供。同时，大阪康莱德酒店的整体设计有机地结合了当代潮流理念与日本传统生活元素，还在日本关西最大城市向宾客引荐了原汁原味与生机勃勃相互交融的美好体验。借助"Conrad1/3/5"定制礼宾套餐的特别设计，推出精心策划的当地行程，充分体现了饱含地域特色的文化、艺术、饕餮与探险之旅的丰富程度，该套餐设计旨在1个、3个或者5个小时之内，宾客能够在旅程中尽情享受酒店的贴心礼宾服务。END

```
  | 2
1 | ───
  | 3  4
```

1   C:Grill 餐厅进门处

2   KURA 和 C:Grill 餐厅共用的入口

3   从酒店进入 KURA 和 C:Grill 餐厅要经过一条仪式感很强的通道

4   KURA 餐厅的空间转折

1	3
2	

1-3 KURA 餐厅

  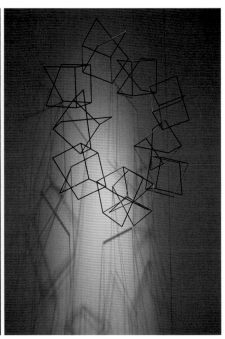

台北文华东方
MANDARIN ORIENTAL TAIPEI

撰　文	Vivian Xu
摄　影	My
资料提供	台北文华东方

地　点	日本中国台湾台北市敦化北路158号
建筑设计	WATG
公共空间设计	Four IV
餐厅设计	Tony Chi,Chhada Siembieda & Associates
SPA设计	Yabu Pushelberg

```
   2
1
   3
```

1　雅阁餐厅

2　文华饼房中庭

3　外观

以"超六星酒店"定位的台北文华东方酒店前身是"中泰宾馆",这是家台北的老牌五星级酒店,但在21世纪初,业主方决定拆掉老楼,在原址上重建一座符合时代要求并且奢华优雅的新酒店,在物色了几大酒店奢华品牌后决定引进文华东方,并于2005年动工。耗时九年,终于实现了业主"开出一家真正超六星的高档饭店,让中国台湾进一步被世界看见"的理想。

酒店虽然位于敦化北路,但却将正门设在了拐角处,其占地面积为14084m²,建筑外观采用新古典欧式建筑的城堡概念设计,业主亦同时打造了酒店式服务公寓"文华苑"。客房部分的预算为35亿新台币(约7亿人民币),而以总计303间客房来计算,平均每间客房的造价要达到230万人民币,总造价更是高达250亿新

台币(约50亿人民币)的惊人数字,这已经创造了台湾酒店历史之最。

酒店本身的公共属性使得艺术品成为最好的嫁接,大厅中,捷克艺术家Tafana Dvorakova设计的蝴蝶状水晶灯由5万个水景串珠和淡琥珀色的水晶拼接而成,直径达4m、高度为3.9m,重达1400kg,从设计到装置完成耗时将近一年的时间。超过1700件原创艺术品展示在过道等公共空间,脚下踩的是享誉全球的高端定制设计品牌及高端手工编织地毯,每一间客房门前都有一只灯笼造型的门灯,寓意"燕鸟归巢"。

相较于集团其他酒店的稳重,台北文华东方酒店有着活泼而年轻的一面,其功劳大多能归为季裕堂,他设计了三家餐厅,以博物馆策展一样的心思来布置空间,打

1 | 2

1.2 大堂

通五感。五楼的复合餐饮空间尤其特别，创新的概念构建出意想不到的餐厅氛围。出了电梯后，就会看见阿根廷顶级香水品牌 Fueguia 1833 的香水铺，设计师试图用气味来定义这个空间的气质，而拐弯后，饼房五颜六色的糖果礼盒就跃然眼前，再往里走，就是一间结合阅读与时尚，并以摄影为主题的空间 "page"，这个空间的壁画是韩国艺术家的现场作品《生命的旋律》，最后才到达 "Café Un Deux Trois"，这间餐厅为现代时尚的餐厅，供应早、中、晚三餐以及下午茶，以镜面为主要设计灵感。意式餐厅 "Bencotto" 则呈现出典雅、温馨、悠闲的乡村风格。

同样由季裕堂操刀的 "雅阁" 中餐厅位于三楼，这个带着东方时尚元素的空间有着优雅地风格底蕴。走进雅阁，季裕棠精心挑选的古物古书，引人怀旧的情感，油然而生。就如餐厅之名 "雅阁"——这处被季裕棠定位为 "用餐要雅、喝茶饮酒

要雅、谈天应酬也都要雅" 的用餐空间，整体设计完整的演绎出低调内敛、高贵雅致的生活空间。除典雅的开放式用餐区外，雅阁更区分两种类型的包厢，6 间 "Bar 型小包厢" 是业界首创，内有可容纳 4 人的餐桌，另有小吧台，可供客人洽商聚餐前后品饮茶酒，拥有绝佳私密性的用餐空间。5 间较大的包厢不仅具宴会厅功能，最大一间可容纳 20 位宾客，满足不同客人的不同需求。

优雅的空间设计搭配华丽炫目的宫廷摆饰，置身在位于酒店一楼的青隅，可以品尝到最正统的经典英式下午茶，这里深受台北贵妇名媛的推崇，是台北都会中享用文华东方著名精致下午茶点的最佳去处。宾客亦可在位于酒店优雅中庭的 "文华饼房"，品尝由法籍行政西点主厨 Gregory Doyen 领军制作的精致甜点与手工面包；炫目迷人的 M.O. Bar 沿袭 1920 年代装饰艺术风格，中央为一座长型吧台，结

合多样化的舒适客席区，提供宾客一系列鸡尾酒特调、臻选香槟与葡萄酒。

酒店内部空间以古典雅致融合当代风格的设计理念，细致的设计也延伸到酒店的客房风格，台北文华东方酒店拥有全台湾最大面积的标准客房。256 间客房和 47 间套房，最基本的豪华客房面积就从 55m² 起，提供了全台北最宽敞的住宿空间。所有房型均设有独特的 "礼宾服务柜"，房务人员不必进入客房打扰客人，即可从此特设房柜递送报纸、取走客人欲送洗的衣物，所有客房皆备有可容人进出的宽大衣帽化妆间与豪华大理石浴室，浴室内备有法国顶级香氛品牌 Diptyque 沐浴用品。套房以上房型浴室均配有地暖设备，贴心让客人沐浴时踩在大理石地板上不会受凉。而其中最奢华的，当属占地 376m² 的总统套房，空间与尊荣皆为全台之最。室内私藏的原创艺术品与客制手工家具，衬托入住贵客的非凡身价。 END

```
    2
1   
    3  4
```

1-4　Café Un Deux Trois 餐厅

1 Bencotto 餐厅

2 Café Un Deux Trois 餐厅等待区

3 Page

1		3	
2		4	5

1-2 spa

3-5 客房

北京后海薇酒店
VUE HOUHAI BEIJING

资料提供 | 北京后海Vue酒店

地 点 | 北京市西城区羊房胡同9号
设 计 | Ministry of Design（MOD）
设 计 师 | Colin Seah
开业时间 | 2017年6月

1 ┃ 2

1　粉兔餐厅入口
2　酒店入口

　　"薇"酒店是桔子酒店旗下品牌,是本土文化逐渐国际化而衍生出的高端精品酒店品牌,旨在让客人真实感受到"定制"的酒店服务。"薇"酒店位于中国的一线城市,得天独厚的位置使得它可以充分从当地的文化和背景中汲取养分,同时又与现代的设计理念和奇思妙想的设计手法相融合。为了满足都市旅行者的需求,酒店采用许多现代的设计手法,结合了奇思妙想的艺术品设计以及美味的菜肴,打造出了舒适宜人的空间。北京后海"薇"酒店的设计顾问 Ministry of Design 是来自新加坡的国际知名设计工作室,他们负责了北京后海"薇"酒店包括整体策划、品牌设计、室内设计与艺术创作的所有设计。

　　"薇"酒店的旗舰店位于北京后海的胡同区。它坐落在风景如画的后海湖边,毗邻后海公园以及历史悠久的老北京胡同,胡同里一直有当地居民居住并保持着当年的风貌。酒店不远处则是著名的北京后海酒吧街。作为一个改造项目,酒店整个园区是由一系列 1950 年代的历史建筑组成,设计师也对这些建筑进行了艺术处理和改造,成就了具有"多面"的园区环境。客人可以从酒店园区内发掘到不同的空间,包括一系列的园林景观、一个面向繁忙的胡同路的面包咖啡房、一个可以俯瞰后海的屋顶酒吧,设施齐全的健身房以及 80 多间客房和套房,其中一些房间还配有独立花园或者享有俯瞰后海的视野。

　　酒店院内的几栋建筑风格手法各不相同。尽管这几栋楼的主基调是中国传统建筑,但不同建筑却有各自不同的装饰特点,包括非常传统的中式挑檐及檐口装饰、特色的脊兽、富于雕塑感的阳台以及传统的回形窗棂。设计解决方案是通过色彩与景观来对这些不同特色进行整合和处理。设计师将所有的建筑都刷成炭黑色,同时用非常现代的金漆将具有传统特色的建筑细节强调出来。这些金漆的细节在深灰的背景中凸显闪耀,用一种特别的方式对传统的建筑细节进行"编目"。当客人进入到酒店园区中,这些细节"条目"便会逐渐引起注意,从而使人注意到传统建筑形式和现代的差别;这种微妙的并置强调了任何改造设计都会带来的巨大矛盾。从概念上讲,设计充分利用所有建筑之间的空间,并依此把整个酒店园区联系起来,打造出一个整体的环境体验。园区的景观和地面在构图上采用一种"冰裂纹"的图案,这种图案最初来源于中式屏风。图案延伸并

1	2
	3

1　客房外观
2.3　FAB 咖啡面包房

被立体化,它在建筑附近延续并上升,从而包裹并打造出了客房专属阳台或者客房内庭院空间。

抵达酒店并前往接待大厅,客人的第一个遇到的是"薇"酒店的共享社交空间——FAB 咖啡面包房。这是个休闲并充满活力的空间,它正面向喧嚣的老北京胡同,见证了当地的日常生活及文化氛围。FAB 拥有室内及室外就餐位,是享用早餐、下午茶以及品尝咖啡的理想场所。室内的设计借鉴了它所处环境的道路铺装、材料选用及色调。不同的座位组合及家具款式搭配得当,为 FAB 的客人提供了既多样又富于吸引力的体验。接待大厅对于住宿的客人来说是第一个重要的体验。我们致力于打造新鲜且私密、休闲但舒适的入住登记空间。客人先要经过一个礼宾区,在那里体验到"薇"酒店的第一个特色装置艺

术品,然后进入到接待厅,接待厅有酒店的彩色线路图,以及夸张而戏剧化的多主题空间设计。

"薇"酒店的招牌餐厅和屋顶酒吧坐落在酒店园区临后海的高空间建筑中,为客人提供种类繁多的小吃、鸡尾酒及其他酒品选择。从周边经过,客人们最被吸引到的是安装在屋顶上的两个奇趣的线框型粉红色兔子雕塑。随着粉兔雕塑进入到粉兔餐厅内,这里的室内设计氛围随意但精致——暴露的金属桁架、开敞厨房、休闲的卡座与特色酒吧,还有 DJ 台为整体营造出积极欢快的气氛。餐厅还配备了一系列贵宾包厢及安静的室外花园就餐区,为客人提供多种就餐环境选择。而屋顶处的酒吧及小型按摩池提供了另外一种树端的室外体验,可以观赏到整个后海湖如画的景色。

在最初客房概念构思阶段,"薇"酒店的品牌策划决定引入创新的空间设计,同时保要保证酒店的舒适度可以和市场上最优秀的酒店竞争。设计师也希望能从现代设计手法与当地传统文化印象中获得平衡,最终完成的空间令人感到惊奇有趣却又似曾相识。在客房中,设计师通过颜色、色调以及材质将空间进行分割,而 每间客房艺术品又作为线索,延续了酒店的总体概念。客房内夸张的洗浴空间和宁静的睡眠空间相互弥补。标准客房之外,还提供有套房及花园房,它们通过宽敞的起居与茶歇空间、超大的卫生间及室外休闲区,进一步延伸了客户的居住体验。健身房是总体设计方案的延续,使得整个酒店的戏剧和活力更上一级,镜子和格栅等元素塑造出了一个有利于健康和锻炼的空间。**END**

| | 2 |
| 1 | 3 4 |

1.3.4 园区的景观和地面在构图上采用一种"冰裂纹"的图案

2 廊道

华泰瑞苑垦丁宾馆
GLORIA MANOR KENTING NATIONAL PARK

摄　影　│　My
资料提供　│　Design HotelsTM、华泰瑞苑

地　点　│　中国台湾屏东县恒春镇公园路101号
建筑设计　│　J.J. Pan and Partners
室内设计　│　JAHAA

1　入口

2　酒店是大尖山的最佳观景点

3　设计师保留了原先的主入口作为次入口

4　餐厅外的户外露台

华泰瑞苑垦丁宾馆位于中国台湾最南端的垦丁国家森林公园，前身为垦丁宾馆，曾是台湾最南端的蒋介石行馆。在 1950 年代至 1970 年代，台湾共有不下 30 座行馆，用作蒋介石休憩、旅游与巡视之用。但随着历史的变迁，如今的行馆用途早已随岁月冲蚀，建筑物也日渐荒废，随着华泰大饭店集团的入驻，这一栋栋位于山水腹间、模样风雅的行馆建筑除了作为珍贵的历史遗迹外，还被打造成了精品酒店。设计师秉承了"与自然共处"的理念，赋予了这一处秘境崭新的灵魂。该空间在国际设计舞台上屡有斩获，除了在 2014 年拿下了德国红点设计奖外，还于 2017 年加入了 Design Hotels™，成为台湾唯一入选的度假酒店。

华泰瑞苑垦丁宾馆坐落于垦丁国家公园内，远远地避开了垦丁大街的喧嚣。整体来看，整座建筑东面面山，西南面海，呈东西向绵延拉开。原先的主入口是西栋的一座空桥，如今设计师保留了这座空桥作为次入口，并在东栋开辟了一处让人"玩味"的主门。酒店的经理 James 介绍道，主入口东北向是一路递降的山坡，所以这里顺应地势设计了一道下探的梯廊。大门前院则借用了民间用于挡煞的前短墙概念，做了个"照壁"，迎挡"落山风"。

不过，这样传统理念的载体却是一座现代感十足的建筑。为了凸显得天独厚的山海美景，设计师最大限度地打开了老旧结构，充分发挥了"框景"的手法，展示户外 24 小时不同表情的天然景色。从梯

1	2
3	4

1-4 大堂

廊底端迈入主门后，长形空间向东绵延，依次可见大厅、"沐"主题餐厅与Lounge。通透的开放空间，仅以展架做轻隔断，光影及清风来去自如，搭配较为低矮的自然素材家具座椅，宛若画框的开口让南边的海景以及大尖山绵延不绝地从天际漫进室内，成为与自然共生的空间。强调户外景观延伸的"沐"主题餐厅与Lounge则有着完全可全部开启的折叠窗，设计师去除了内外空间的藩篱，将空间从内部向海景外延。天气一好，很多客人会在户外座椅区看海、看大尖山。

整座酒店的设计理念就是希望将当地特色与现代设计相融合，所以设计师采用了大量将当地材料再创作的手法，比如竹编、六角砖、灯笼、葫芦、窗花等台湾传

统元素。入口处接待厅的穹顶就非常具代表性，其造型是以民俗中嫁女儿用到的"米米筛"为原型，特别从南投竹山延请老工匠们合力编织成两座巨型竹编，其内层为三角构架，外层为六角编织。竹子是台湾常见的植物与器物制作材料，而设计师将竹艺的概念拓展开来，将竹艺美学延伸至整个空间，比如大厅墙面的材料虽是以石材加工斜切拼贴，却是撷取自竹节意象。地板则选取了台湾传统建筑中象征着长寿的六角砖，与竹编的顶棚相呼应，而由竹节图案转化而成的斜切线条的石材墙面搭配了灯笼的点状光源，与自然的光影融合着。

在东西栋三座建筑中，除了东栋的一楼规划为公共空间以及西栋一楼的"蒋公

书斋"，书斋内展示了蒋介石曾经使用过的书册、文具、桌椅家具等摆设且对外开放参观，其余均为客房。客房的设计其实沿袭了公共空间的设计语言，有着灯笼、窗花以及象征出入平安的瓶身造型装置。非常有意思的是，设计师刻意将电视隐藏在瓶身造型的柜体内，让宾客忘却文明的喧哗、沐浴在"静、定、自得"的自然氛围之中。所有面海的房间景观奇佳，除了将窗户开到了最大尺度外，设计师为了能让客人可以在床上远眺大海，因此将床位抬高。而边套的房型也非常有趣，除了能看海景外，还能窥见一株气节凛然的百年茄冬。总统套房除了拥有可眺望壮阔山海景致的宽敞阳台外，还有透明的天窗，让人感受与自然更亲密的接触。🔲

```
1   3
2   4 5
```

1-5　客房

PRADA 荣宅
PRADA RONG ZHAI

资料提供 | Prada

地 点 　上海静安区陕西北路186号
建 筑 师 　Roberto Baciocchi, Atelier Pacific
业 主 　上海久事（集团）有限公司

1	
	2

1　入口
2　内景

　　荣宅是民国初期著名企业家、"面粉大王"荣宗敬先生于1918年所购的宅邸，堪称上海最高雅的花园洋房之一。2004年，荣宅被列入上海静安区文化遗产，2005年荣获"上海市优秀历史建筑"称号。宅邸历史已近百年，豪华壮观的气势犹在，然因时间累积，岁月终究在楼宇间留下老旧痕迹，多年来未再大力整修，渐显荒芜。荣宅所蕴藏的魅力吸引了享誉全球的时尚奢侈品牌Prada的目光，于2011年启动了对宅邸精心而宏大的修缮工程。竣工之后，荣宅恢复昔日光华，气象焕然一新，再次向世人展显出蓬勃朝气。

　　荣宅的修缮采用了"修旧如旧"的理念，工程目标在于修补破损之处，以恢复内饰及外景的历史原貌，同时对宅邸进行必要的结构性加强及功能性革新。来自意大利的专家工匠团队，承担起对宅邸多处装饰与结构的保护工作，并对每个部件进行精挑细选——包括石膏装饰、木质镶板、彩色玻璃及类型多样的装饰面砖等。从里到外，砖一瓦都极尽用心。墙面与彩绘玻璃恢复旧样也极为考究，制作工艺与安装技巧皆尽可能效仿传统，建筑材料也与百年前荣宅最初建造时保持一致。

　　Prada长期以来从各个艺术领域汲取灵感，建筑作为其中重要的类别，所具有的实用、商业和历史含义的研究，深刻影响着品牌的实践及发展。近年来其于世界各地投身于历史文化遗产保护工作，积累了丰富经验，包括修缮了位于米兰的19世纪古典购物穹廊伊曼纽尔二世长廊（Galleria Vittorio Emanuele II）的局部以及被改造为艺术空间的威尼斯王后宫（Palazzo Ca'Corner della Regina）。荣宅的修缮奠基于对历史建筑保护的经验以及对传统手工艺价值的恒久信念，是西方与东方的思维交融，也是设计师、学者与匠人间的互动成果。荣宅向公众开幕后迎来的首次展览，便展出了部分Prada此前对于建筑的探索成果。今后它将成为品牌在中国举行各式活动的场所，亦是沪上人文荟萃、冠盖云集的时尚坐标。🔚

1-4 内景

诺华上海园区多功能楼
NOVARTIS SHANGHAI CAMPUS MULTIFUNCTION BUILDING

翻　　译	Arz
摄　　影	Eiichi Kano
资料提供	限研吾建筑都市设计事务所 KengoKuma and Associates

地　　点	中国上海
建筑设计	限研吾建筑都市设计事务所 KengoKuma and Associates .
地方设计院	同济大学建筑设计研究院(集团)有限公司
业　　主	诺华（中国）生物医学研究有限公司
项目管理	M+W
结构/工程设计	RFR
设备/机电	AECOM
绿化顾问	Green Roof Engineering Co. Ltd.
照明顾问	Zhongtai Lighting
日照分析	ARUP
厨房顾问	Sodexo
景观设计	West 8
建筑面积	960m²
设计时间	2009年11月~2016年3月
建造时间	2010年10月~2016年3月

1　屋面鸟瞰

2　从中心庭院望向多功能楼

3　总平面

该项目是诺华上海园区中的一座多功能建筑，它为公司员工及来访者提供了一处能够自由进出于会议和活动的空间。园区里大多数建筑的造型都是城市尺度下的规整体块与矩形构成，它们承载了研究和管理的功能。面对这样的园区环境，设计师希望通过对比的形式，塑造一种"家"的场所感受。在这里，人们可以进行聚会和享受休闲时光。该建筑成为了园区景观核心区中唯一一栋低层建筑，周围建筑中的人们可以透过其窗口，看到其折纸形态的植被屋顶，这也是绿色和可持续生活的一种象征。

建筑的主结构是花旗松木压层的 V 形柱和桁架梁形式组合，这种结构完全在室内空间中裸露，它也形成了建筑的屋顶。在这个巨大的屋顶之下，不同的房间和空间各自展开，容纳了各种设计形式和不同方式布局的家具。END

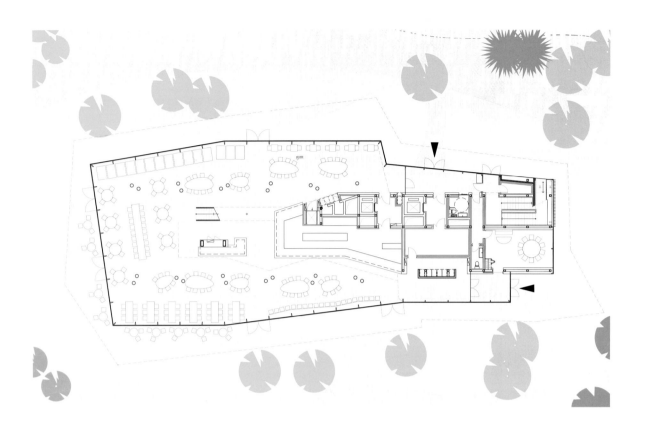

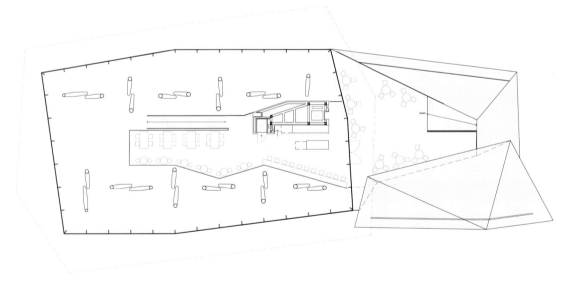

N

0   5   10m

1	
2	3

1　一层平面

2　二层平面

3　半室外空间

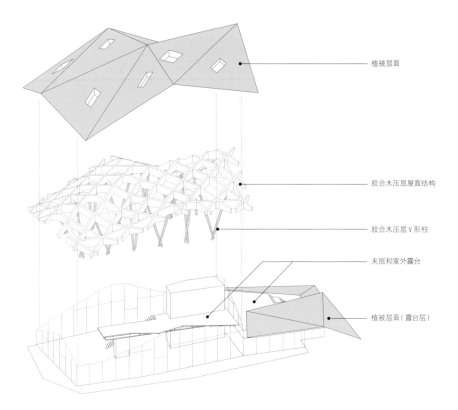

植被层面

胶合木压层屋面结构

胶合木压层 V 形柱

夹层和室外露台

植被层面（露台层）

1		3	
2		4	5

1　轴测分析

2　几何形态的植被屋面

3　裸露的 V 形柱和桁架梁形式组合结构

4　顶棚结构反向平面

5　屋顶平面

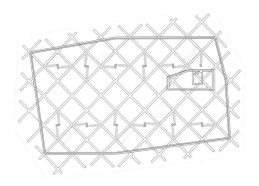

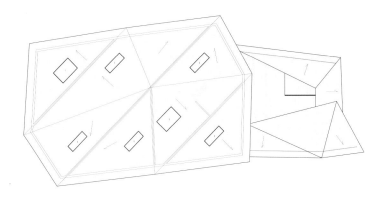

N
0   5   10m

上海国际汽车城科技创新港 C 地块

PLOT C, AUTO INNOVATION PARK, SHANGHAI INTERNATIONAL AUTOMOBILE CITY, JIADING, SHANGHAI

摄　　影	陈颢、胡义杰
资料提供	致正建筑工作室

地　　点	上海市嘉定区安亭镇安研路、安拓路
设计公司	致正建筑工作室
主持建筑师	周蔚、张斌
项目建筑师	金燕琳（方案设计、扩初设计、施工图设计）、苏炯（方案设计）、李沁（施工图设计）
设计团队	王佳琦、李佳、霍丽、杨敏、李姿娜、李晔、仇畅、夏彧、陆磊、黄伟立
合作设计	上海建筑设计研究院有限公司
建设单位	上海国际汽车城发展有限公司
施工单位	上海舜杰建设（集团）有限公司
主要用途	研发、办公
基地面积	24 941m²
占地面积	10 772m²
建筑面积	6 839m²（地上），10 332m²（地下）
设计时间	2010年1月~2013年3月
建造时间	2013年7月~2016年6月

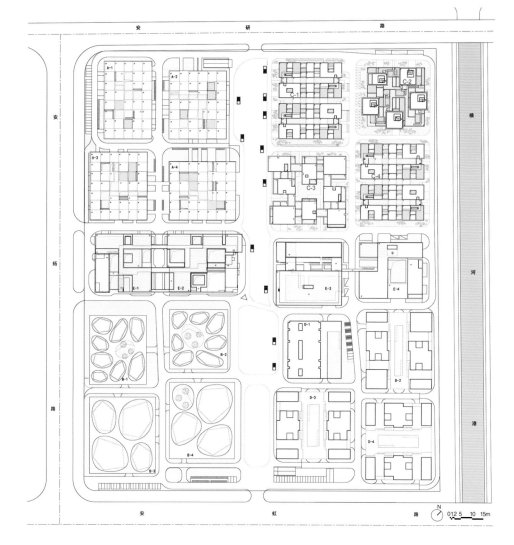

I	2
	3

I 总平面
2 C2区块空中花园
3 C2区块沿街立面

0 12.5 10 15m

项目概况

科技创新港位于上海西北郊的上海国际汽车城的核心区域，是一个定位于面向汽车产业未来智能化转型升级的研发集聚园区和产业示范基地，总建筑面积逾20m²。整个园区呈现为由南北景观中轴串联20个小街坊（约50m×50m）均布的低层高密度空间规划模式，并由国内5家建筑师事务所（维思平、致正、大舍、标准营造和刘宇扬）以集群设计的方式负责落地实施。整体方案几经演化，最后确定为由十字双轴（南北向的景观绿化轴和东西向的公共服务轴）串联4组研发组团，每组研发组团包含4个小街坊。

致正建筑工作室所承担设计的C地块位于整个园区的东北角。项目面临的难题是无法对将来的入驻研发机构的空间需求作出清晰的界定，而是希望不同的建筑师团队根据初步的设想，通过对空间设计的探讨来形成多样而又富有弹性的空间模式。设计之初，C地块能够确定的设计要求是：其中有一个街坊是12套小型研发单元的集合（每单元300m²~500m²）；另三个街坊都是8套中型研发单元的集合（每单元800m²~1200m²）。

设计策略

面对新兴产业空间的适应性要求和规划确定的高密度开发模式，以及无特征性场地上的地域空间文化传承语境，我们希望创造出有空间归属感和文化认同感的积极办公环境。基本策略是引入不同的研发空间组合模式，并与多层次的立体庭院组织相耦合，为每一个作为研发集合体的街坊营造专属于它的半公共空间独特氛围，进而以多样的方式促进未来使用中的交流与共享。从虚实相生、步移景异的江南传统宅园文化中获得启发。以庭院为核心组织空间，提高空间的灵活性和积极性，并在高密度的咫尺天地中营造出江南园林文化所寄托的山水意趣，赋予产业创新空间以地域文化精神。由此形成的三种具有空间原型特征的街坊模式分别是针对小型研发单元组合的"层峰隐阁"、针对中型研发单元组合的"空中连院"和"双联围院"。

层峰隐阁（C2）

C2街坊探讨密集的小尺度研发单元在获得各自独立性的同时，如何鼓励未来更有创意的使用方式，并始终将研发空间的开放性、交融性和景观化作为基本诉求。这一街坊包含12套小型研发办公单元，我们希望用层叠的方式来组合，但要保证每套在底层有独立的入口门厅。建筑整体被分为一、二层带有庭院的基座和上部悬挑在不同核心筒上的5个透明盒子两部分，其间的三层是全部架空、上下共享的屋顶花园。屋顶花园上设置了一系列凸起不同高度的小花园，它们

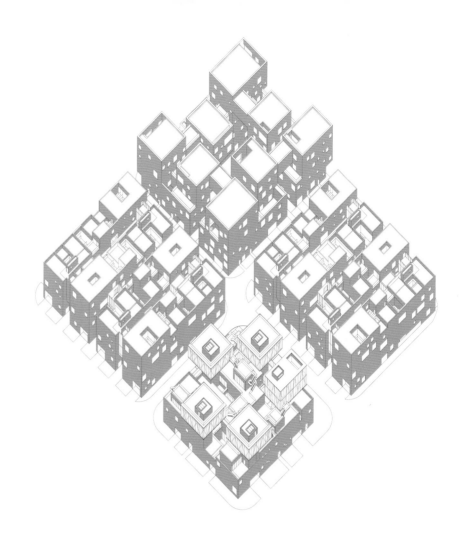

成为上部悬浮单元和三层花园之间的景观和游走过渡。由于一、二层有较大面积的内部退台庭院，这样整个基座就成为了一座抽象意义上可观可游的山，外部边界整齐，内部层峦叠嶂、峰回路转。而上部的漂浮单元则成为群山之巅若隐若现的错落楼阁。我们特意把三层上凸起的 5 个山峰般的小花园设想为一系列超大尺度的树石山水盆景，以此来反转建筑与山水意向之间的尺度差异。这一富有山水自然意境的研发集合体，除了作为12 个独立的研发单元来使用，也可在水平方向上组合扩大单元，或在垂直方向上分层扩大单元，甚至也鼓励作为一个 5000m² 的研发整体来使用。上述的最大使用灵活性始终可以和我们营造的"咫尺山林"般的建筑中花园相互动。

空中连院（C1、C4）

C1、C4 这两个街坊的设计诉求一方面是希望在底层提供无柱的大跨高敞试制车间，另一方面是为上部的研发办公空间提供一种可灵活组合的小尺度空间模式。我们的基本思路是先把体量分为密集均布的 4 条，每条的底层都是两端开门的长条试制车间。条状体量之间的空隙是可穿行的绿化巷道，

并为上部的研发空间提供采光与通风。上部的研发空间借鉴江南传统院宅的布局模式，在四路四进的格局中形成横向和纵向灵活组合的庭院办公环境。这种组合方式在今后可以应对不同规模的使用要求，并维持庭院式的空间特质。

双联围院（C3）

C3 街坊的设计诉求是在确立每个研发单元的独立性的同时，为将来使用中的再组合提供多样的灵活性，并保持室内外空间的充分互动。每个单元底层的试制车间鼓励展示、交流等使用的兼容性。街坊由四组双联研发楼呈风车状围合而成，中间是一个街坊共享的可穿行公共庭院。每组双联研发楼底层都有每个单元试制车间各自专属的庭院，上部的研发办公部分每层都有错落的露台或双层大开口阳台空间，而且可以两两单元在不同楼层、不同方向连成一体。

构造系统

在建筑外观上所有研发组团都选择了灰白色涂料作为整体背景，以保持差异中足够的一致性。C 地块不同街坊的差异也很大，我们选择在白色涂料的高低错落、凹凸呼应

的体量背景上以大小不等、自由分布的窗洞，以此统一不同街坊的形态差异，在高密度的环境中形成一种轻松愉悦的外部氛围。不同街坊都有分布的大尺度阳台，在立面上提供了有进深的、甚至是穿透体量的开口，加强了建筑内外的勾连体验，并在不同高度创造了有公共氛围的活动空间。不同体量之间的空中连接体采用玻璃幕墙外加穿孔铝板的双层构造，形成半透明的体量。C2 街坊的一系列悬浮玻璃盒子营造了顶端的轻盈与开放，强化了建筑与景观的互动，透明表面背后隐约透出桁架杆件，既参与了空间与形式的建构，又保持了大尺度悬挑结构的可读性。

本项目从设计到建成所跨越的这六七年正是中国汽车产业完成传统制造规模的高峰期和面对新能源、智能、网联、体验等产业转型挑战的关键时期。可喜的是，随着越来越多代表性研发企业的入驻，园区的空间与环境契合了这些研发企业的需求，街区式的开放结构和景观化的公共空间开始营造出园区的社区认同感，差异化、有弹性的研发单元组合促进了创造性的空间使用，让创新港有能力承载未来汽车产业进一步升级与转型。■

```
| 1 2 |   |
| 3 4 | 5 |
```

1.2.5   C3 区块庭院

3   C2 分层立体庭院轴测分析

4   C2 植树轴测分析

图书馆之家
LIBRARY HOME

摄　　影	Santiago Barrio、沈忠海、SISI
资料提供	西涛设计工作室（Atelier TAO+C）

地　　点	上海淮海路
设计公司	西涛设计工作室（Atelier TAO+C）
项目团队	刘涛、蔡春燕、思思、王倩娟、韩立慧
面　　积	95m²
设计时间	2016年4月~2016年10月
竣工时间	2017年5月

1　起居室
2　露台
3　诺曼底公寓外立面

"最后，我们经常登上的是更陡峭、更粗糙的阁楼的楼梯，它预示着通向最安静、孤独的上升。"——加斯东·巴什拉《空间的诗学》

邬达克于 1920 年代设计的诺曼底公寓，是上海最早的一批现代意义的高层住宅。西涛设计工作室接受委托对位于其顶层的一间不足 100m² 的小公寓进行改造设计。公寓的西北面有一个长 12m 的露台，可以一览法租界的城市景观。

不同于传统中以卧室和客厅作为家的主要空间的惯例，建筑师试图在这个方案中重新思考和建立另一种家庭日常的生活模式。在这个老建筑最接近天空的垂直线的顶端，建筑师以书架为线索发展和规划空间。建筑的原始结构——梁柱和承重墙，斑驳的水泥仿石外墙面被小心翼翼地保留下来，建筑师拆掉了里面所有后加的轻质隔墙，解放了原来被分隔为很狭小的布局，打破房间的界限，由此获得了一个开放的无墙平面，并置入满墙从地到顶的橡木书架。卧室和客厅的布局依附在书架的一侧并且失去了边界，当卧室的铜框玻璃门全部打开时，整个屋子毫无阻隔地变成了一间书房（私人图书馆）。书架一侧又通过细节设计使之与窗户和阳台连成一体，于是书架在这里获得了精神和视觉的双重意义，既是也是通往心灵内省的窗户，也是真实地看向外部世界景观的窗口。书架取代了墙的功能，围合并定义出可居住空间，栖息着书、物件和人。

回应着书架跟建筑边界的转折关系，建筑师沿着书架一角置入了一片小小的阁楼，打破了平层的单一体验。在阁楼上，置身于书架的包围之中，另一边是铜框金属网的栏杆结合定制灯具的细节。低头可以一览全屋景况，抬头看到裸露的混凝土屋架，清晰地意识到屋顶的庇护。通过轻巧的转折连接平台和楼梯，形成不同高度的阅读空间和属于内心空间的角落。于是行走在公寓里的路线、看与被看的关系、看风景的角度和停留的角落都变得更有层次，是一场通过对于阅读行为的思索而展开的居住体验。END

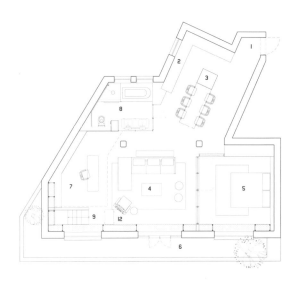

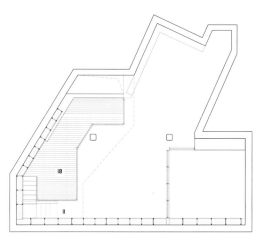

1 入口
2 厨房
3 餐厅
4 起居室
5 卧室
6 露台
7 书房
8 卫生间
9 楼梯
10 阁楼
11 书架
12 书梯

1　底层平面

2　夹层平面

3　卧室与起居室间采用通透隔断

4　通高的书架

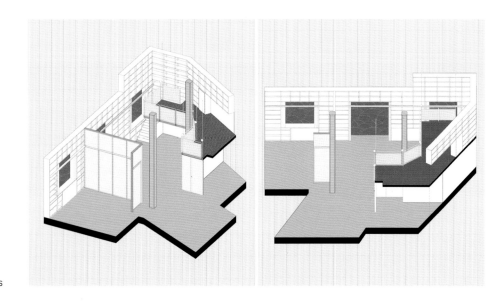

实录

三联书店·筑蹊生活
NINGBO ALTLIFE PROPOSITION BOOKSTORE

撰　　文	Pietro Peyron
翻　　译	王欣
摄　　影	Dirk Weiblen
资料提供	Kokaistudios

地　　点	中国宁波1844和义艺术生活中心
设计公司	Kokaistudios
设计团队	Filippo Gabbiani、Andrea Destefanis、Pietro Peyron、余书凡、陶玮、刘畅、Andrea Antonucci、Marta Pinheiro、曾尹莹、魏茜婷、马曼哈山、张宏石、顾庆龙
面　　积	2 400m²
竣工时间	2017年5月

1 通透的外立面在夜间熠熠生辉

2 具有韵律感的墙面细节

3 通高空间

Kokaistudios 近期完成了位于中国宁波的三联书店·筑蹊生活。书店的设计着重于空间的流动性和多样性，运用有机几何元素和循环概念来创造用户体验。

书店位于宁波市中心余姚江南岸 1844 义和艺术中心的地下层，呈字母 "L" 形。其中地下二层占地 1600m²，地下一层为新添加的夹层，约 800m²。书店一共分为 3 个不同的主要区域：书店本身、科技与餐饮区和灵活的公共区域。

在项目构思阶段，我们即与客户有同样的目标：设计一个以购买图书和阅读为主要功能，兼容其他综合活动，使人们流连忘返的地方。我们的愿景是将一个购物场所转化为宁波及辐射地区的生活方式场所。

最初的设计灵感来源于对"纸张"的研究，纸张和书籍、书写和阅读的传统密切相关，书店本身就是纸张的圣殿。不同的纸张质地、颜色、厚度、透明度、柔韧性等等也激发了我们对书店布局、书店的流动性及有机结构、材料的选择灵感，包括对质地、书店的情绪板等的设计和选择。

除了书店外，还有双层小剧场、活动空间、儿童区、餐饮区、联营区部分等。故要求设计留有灵活变通的可能性，在保证各小租户的品牌能见度的同时符合整体概念。

书店的旅程从主入口开始，穿过中心玻璃亭，沿螺旋式楼梯，可串联到地下一层入口。在白天，自然光可透过玻璃亭充盈于书店室内。而夜间，书店里闪烁的灯光使空间熠熠生辉。

镜像楼梯引导来访者至规划了阅读区和座位区的夹层，再延伸至地下二层。两层空间之间另设有 4 个楼梯，加强了空间的垂直联系。整体空间沿墙壁嵌入落地书架，如缎带般在空间中延续。与落地书架向对应的是受到米开朗基罗·皮斯特莱托(Michelangelo Pistoletto)在 1960 年代创作的"迷宫游乐场"作品启发的透视书架。

较为封闭的空间适合特定的功能区间，例如儿童区和多功能视听区，整体呈现流动灵活空间与相对封闭空间相互交织的局面。END

昊美术馆
HOW ART MUSEUM

| 摄　影 | Dirk Weiblen |
| 资料提供 | 景会设计 |

地　点	上海浦东新区张江高科
设计公司	景会设计
设计院配合	上海华东建设发展设计有限公司
业主方	郑好
幕墙顾问	旭密林能源科技有限公司
面　积	7 000m²
设计时间	2016年3月～2017年4月
竣工时间	2017年8月

昊美术馆比邻上海浦东新区张江高科园区的万和昊美艺术酒店，空间位于酒店裙房的一至三层，其中展厅面积约4200m²，美术馆办公及服务区域约2800m²。美术馆主入口位于昊美酒店建筑裙楼西侧新建的一个建筑体，考虑到原酒店建筑玻璃幕墙外观，入口门厅的设计在体量上力求"轻落地"的感受，形体简洁，以一个直面转折体块呈现，角度同原建筑立面紧密契合，充分结合两者关系。门厅外立面材料以超白U型半透明玻璃与白色珐琅钢板相结合，白天半透明的U型玻璃将室外的自然光柔和地带入美术馆的接待前厅，而晚上室内的灯光又使这个玻璃体熠熠生辉，材料及环境的虚实交融关系更是如同美术馆对艺术审美和文化传播的融合。从外形到内涵，设计语言都十分简约，进入门厅后的室内空间亦如此，室内立面

延用了室外的白色珐琅钢板，地面为硬化水泥，灯光的设计利落干净，甚至对灯具开孔尺寸有着极致的要求，透露出设计者对空间简约低调的设计态度，充分保持着艺术展示空间的纯净性。

穿过门厅长廊，在经过了一个8m高的挑高空间和一个如同嵌套的"盒体"通道后，空间延伸至展厅。"盒体"的内壁一周均为白色钢板材质，线条简练直挺，给人以视觉与感知的联想。展厅空间为了尽可能地争取空间高度，顶面为开放式框架结构，所有顶部管道及照明支架等视觉可见部分均与墙面一致为白色，在视觉上产生空间的延伸。展厅空间开敞方正，一层地面为硬化水泥，二层与三层为木地板，整个美术馆室内材料以白色为主基调，而各种不同材料的白色看似相同却略显各自特性与质感，丰富了层次但仍低调不张

扬，让观展人在纯粹的空间中更准确、自由地感知艺术作品。

美术馆的三层为昊设计中心、昊图书馆、展厅区域及美术馆办公区。美术馆的观展人通过HOW艺术商店出口到达另一个白色"盒体"空间，来结束整个观展的路径与过程，此处的"盒体"与一层起点处的"盒体"遥相呼应。

昊美术馆在设计中最大限度地避免形式感，但并不代表设计的粗糙和对细部处理的忽略。如门厅内外立面的珐琅钢板尺寸和拼接缝看似随意，却是经过精心设计和计算定位而成。

现已开馆的昊美术馆也是上海唯一夜间开放的美术馆，将与万和昊美艺术酒店、昊设计中心、昊雕塑公园等艺术欣赏与文化体验活动融合为全新的艺术综合体和浦东新地标。**END**

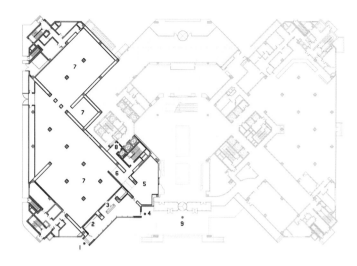

1 美术馆主入口
2 寄存
3 接待
4 美术馆次入口
5 挑空空间
6 展厅入口
7 展厅
8 电梯厅
9 酒店入口

N

0 4 8m

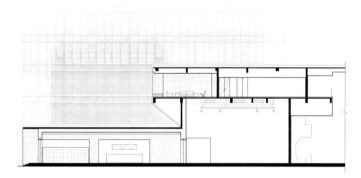

0 1.5 3m

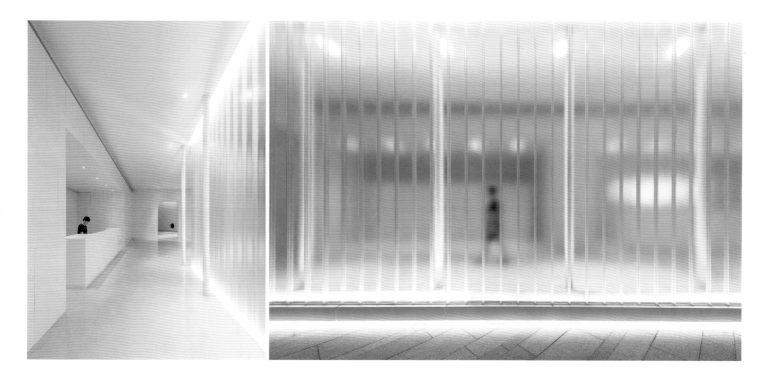

"北"空间
BEI SPACE

摄　　影　│　夏至
资料提供　│　如恩设计研究室

地　　点　│　北京
设计单位　│　如恩设计研究室
项目面积　│　350m²

```
    | 2
  1 |
    | 3
```

1 以街边摊贩的推车为灵感而特别设计的移动式餐车
2 玻璃盒子的边界定义了主要功能空间的范围
3 透明墙面最大程度地将自然光引入空间内部

如恩将北京瑜舍酒店内的"北"餐厅重新改造成为一处多功能厅——"北"空间，以应对北京对会议与活动空间日益增长的需求。典型的酒店多功能厅往往比较幽闭昏暗，而"北"空间内有一排天窗。为了充分利用这个空间优势，设计的挑战在于如何将尽可能多的自然光线带入室内，以及如何最大程度减小深处地下的闭塞感受。如恩在设计概念中充分地借助了光的作用，引入了充足的自然光，营造通透明亮的空间，并通过置入玻璃砖墙，打造出一个透明的盒子。

紧邻南侧天窗的墙面采用了水磨石，自上而下一直延伸至地面，墙体本身也设计了多处看似挖凿式的结构，将走廊精心围合起来。沿着阳光照射的方向，水磨石统一排列，延续至地下厅室的边缘，人们可以在这里俯

视位于下方的泳池。

空间中置入的玻璃盒子如宝石一般，在日光下闪闪发亮，在夜里也由空间内部散发出光芒。玻璃盒子的边界定义了主要功能空间的范围，主空间亦可根据使用情况进一步划分。从北京随处可见的灰色砖砌建筑中汲取灵感，玻璃盒子外壳由压铸玻璃砖按照传统方法搭建制成，精心拼接后形成垂直的墙面系统。透明的墙面最大程度地将自然光引入空间内部，带来明亮而模糊的视野，从一定程度上保护了空间的私密性。

室内摆放了定制的家具，例如以街边摊贩的推车为灵感而特别设计的移动式餐车。定制的灯泡以矩阵形式悬挂排列，呈现出简单而优雅的照明效果，同时也灵活适用于不同场合对空间的使用需求。END

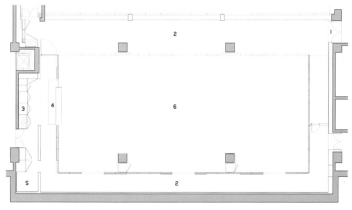

1　主入口
2　走道
3　酒吧
4　移动推车
5　储藏间
6　功能空间

1　主入口
2　走道
3　酒吧
4　移动推车
5　储藏间
6　功能空间
7　会议室 A
8　会议室 B
9　休息间
10　衣帽间

1　一层平面
2　二层平面
3　玻璃盒子外壳从灰色砖砌建筑中汲取灵感
4.5　通透明亮的空间

N

0　　1　　　3m

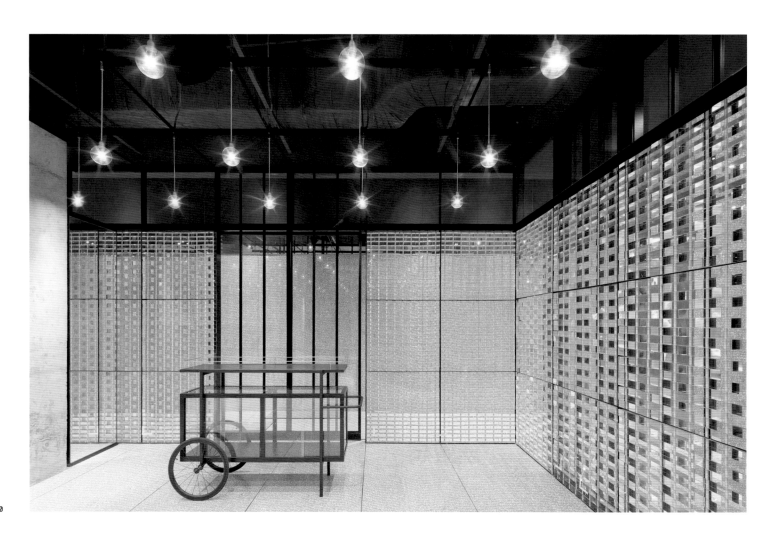

元宝餐厅
YUANBAO RESTAURANT

摄　影	孙华峰
资料提供	东厢营造设计顾问机构
地　点	洛阳洛南新区
设计机构	东厢营造设计顾问机构
设计师	李凡
设计团队	谭子颖、陈书义、曹俊峰
建筑面积	5 000m²
餐厅面积	1300m²

1 | 2

1.2 餐厅

这是一个由外立面、外场、餐厅三个阶段分步实施的设计项目。建筑总共四层，约5000m²，一层为餐厅，二至四层为酒店。"L"形楼交角处是外立面的视觉中心，此处一至二层（挑空）为预留的酒店大堂，相邻橱窗可以满足自然采光借景，具备局部封闭以求完整块面的条件。三至四层夹角属于功能盲区（无效空间），内置露台最大可能地予以开放，与下部的"实"形成对比，获得视觉重心应该具备的张力。窗式颇具趣味性，由解构后疏密大小的"错乱"分布渐变回归为传统样式。在外立面设计中，对技术和样式的考量保持了高度克制。开合有度、统一对立这一美学构成法则，自始至终受到了一再关注。表皮材料选择上，无论质地或调性，灰色陶土墙板都极为准确地呼应了这一原则。

相对宽裕的退界让建筑获得了宽敞的

室外场地。右侧空地与滨河路中间有宽达10m的市政绿化带，自然围合出一个幽静的所在，稍加整饬便形成优雅的花园餐厅，松树盆植所营造的气氛是客人都喜欢的。左侧临路规划为停车场，也是项目主入口。外立面设计时，考虑到建筑体量关系和视觉效果，放弃了外挑雨棚的传统做法，大门采用了退位内隐的方式。该区域设计以规划交通解决导向为主旨，根据侧进式动线和30°斜入式泊车位顺势而成的三个大小高低各异的钢板装置，不仅满足了功能，并以小见大，与孑然孤立的主体建筑形成外延和对话，具有很好的现场体验感及趣味性。

餐厅处于一层的两翼，左侧进深较小，适用于包厢。右侧作为散台区，不仅限于正餐，也可以经营早茶和下午茶。散台区与室外花园餐厅仅有玻璃相隔，形成流动空间，由于气候与环境因素，这样的空间

构成在当地并不多见，有意料之外的效果。配置偏多的散台，旨在改变传统用餐必进包厢的固有观念。从上座率和客户体验调查，闲适轻快的开放式就餐环境获得了广泛的认可。

在设计师建立空间秩序的过程中，还原了建筑的纯粹性与内空的精神实质性，所有繁文缛节从假设的模型概念上摒弃，这一形态诱发了逻辑意义的扬弃。素朴的材质、简洁的构式、精准的光符，将使用者带入一个内核已定的空间，进而激发自身的本体性觉悟。这使得饕餮者从心理层面上获取另类时空的别样感受，进而幻想的心理预判被强烈的空间气度击为齑粉，一切惯有的审美趣味，平复心绪于淡然间。在惬意的用餐过程里，它将带给食客的心境与愉悦是可以想见的。或许，正是基于对物料及形式的节制，元宝餐厅设计具备了这样谦逊而优雅的吸引力。END

| 1 2 | 4 |
| 3 | |

1.2 前台细节

3.4 大堂

```
 ┌─┬─┐
 │ │2│
 │1├─┤
 │ │3 4│
 └─┴─┘
```

1.4 包厢

2 餐厅散台区

3 细节

红公馆
RED RESTAURANT

撰　　文	去先生
摄　　影	李国民
资料提供	南京名谷设计

地　　点	南京市剪子巷
主持设计	潘冉
软装陈设/执行	蜜麒麟陈设组
灯光顾问	Dark Light Lighting Design
艺术顾问	乐泉
项目面积	1700m²
竣工时间	2017年6月

丙申年初，吴先生来访，欲造店城南为旗舰，取旧时风韵谓之精神，名曰红公馆。选址停当，有南北二楼架桥相连，流水其间，亭院各处，后置松柏、芭蕉、紫竹、桃花、杨柳等。

经老门东牌坊入剪子巷东 30m 处，由北拾阶而上，见五尺宽铜门向内，迎面玄关，屏风半掩，于转折处入公馆客厅，沿东西轴线布置吧台及礼宾区，中置岛台书塌，分离出内部交通。西侧吧台背景嵌入由艺术家独立创作的"南京故事"题材浮雕，辟邪、街巷、祥云、秦淮胜境等元素跃然画面，拉开通向旧日往事之序幕；浮雕上方正中悬挂被誉为"当代书峰"乐泉先生创作的草书匾额"红公馆"，取材中国近代时期保存至今的紫桐木整板雕刻；吧台面放置磁石电话，与上方灯盏呼应、书塌上布置百科旧籍、鸟笼、陶罐、烛台等细节，重温历史生活中最细腻部分。也许，公馆的主人正是如此书香世家。客厅东面礼宾区以壁炉为中心，墙面悬挂旧

照油画，与西墙面浮雕遥相辉映，粉彩绣墩与提花地毯一副娇滴滴的模样，优雅中透着仪式感。

客厅最为重要的作用除了迎宾送客，亦是集散枢纽。南面并置两个入口，分别通往一层堂食区和北二楼的包间区；北二楼布置九个包间，取名"大千食园"、"逸仙别院"、"美玲客厅"等，分别以历史名人为线索取名，包间内布置除基本就餐功能所用的家具外，均以各人物性格展开叙事，还原记忆的画面。通往二楼的楼梯始终暗淡，甚至晦涩，不禁回忆起旧作竹里馆中对"通过空间"保有的情感——"试图在有温度的交互中保持部分冷静，从而在步入另一个场域前，整理出独立的情绪"。而今，"独立的情绪"只有挂在灰色墙面正中的那幅画与空间和解，画面中推开的窗扇伸向街巷，窗台下粉色的荷花感染着盛夏的余晖，信札刚写了一半便要邮寄出去？似是一个女人的波涛暗涌。正是，灰暗的梯段正是为了波涛暗涌！

堂食区分为东西二厅，由过廊相连，过廊保持"通过空间"一贯的营造态度——在黑暗中获取光明，"向光性"是通过空间具备隐晦体验感的保证。堂食西厅由原始建筑院落改建而成，保留院落中的主要树木，通过重组微观庭院形成区域视觉中心。加建部分用反支撑结构将楼板剥离原庭院地面，使之形成更加轻盈的建筑体量，宛若将现代装置放于古典庭院中。顶面采用双层透明采光顶结构，便于过滤光线与节约能耗，日光下顶面可以获得饱满且充盈的自然光线，夜晚由外部投射照明，光影层层重叠，雨天时可观察到顶面充斥着落水涟漪的视觉奇观。

南楼呈传统建筑形式中"对照厅"布局，改造后仅留东过道为室内交通贯穿南北，其余空间皆遵从建筑梁柱关系，分割为四个独立就餐空间，围天井于内，并以天井平面尺度退让至柱基位置，改造成一池静水飘然屋外，置风灯于水面，与室内交相辉映，行人通过、客人入座，皆可体验到建筑落于水中

的轻盈通透，消减了传统建筑室内相对压迫沉闷的感受。

　　每一次营造都是温故知新。由想象到修正，一个时代的营造手法应该尊重这个时代的技术纲领，并用艺术的方式呈现出来。空间产生于秩序限定，细节产生于逻辑细分。一个被工匠误解的细部做法有可能超越冥思苦想的细部创造，这是有可能的，并多次出现在现实之中，所以，营造亦需"破执"。一个构筑预想就像自然界中一个完整的生长，需要解读并抽离出最为基本的基因，构筑物存在于构筑之前，一切必浑然天成。

　　旧时空间的具象形态看似是笨拙的、未被细化的，恰因此透出不同于其他时代的气质。如果你设想获取一种光线，是弹性或忧郁的，又或者你希望创造一个轻盈的体量？

如此种种，都只是当代解析之后的幻想，并产生于现代主义进入中国营造体系之后。用现代材料去表现之前的某个时代面貌或生活方式，像是用白话文解释古代诗词，唯有描述情境可以通达。万物起源、生长、变迁、外部力量皆不相同，生而有性，性生气息。

　　无缘生长于那个时代，对民国的理解，唯有感知，从书本史料里揣摩先人智慧，时而浮想联翩。邻家留声机的浅唱，厢房里的桌牌声、船坊琵琶声夹杂着嬉笑，街角转弯处着旗袍的女人。每一帧画面传递的即视感都是时空的烙印。而民国餐厅里就餐的人们应该是怎样的姿态？是优雅的，闲适中透着一丝讲究。他们热爱自然，享受午后阳光，闲时修花弄草；他们偶尔谈论时代的焦虑，却不忘享受餐桌上的美好。

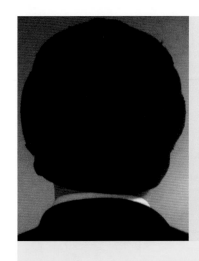

闵向

建筑师，建筑评论者。

网红建筑师

撰　文　|　闵向

接近年底，"网红"这个词正式进入建筑界，就有了周榕老师似褒实贬的"网红建筑师"一词。所谓网红建筑师就是通过网络传播而具有知名度的建筑师，之前建筑师的作品需要通过学术期刊发表、展览、著作出版、获奖等已知途径获得行业内知名度，再由非专业媒体扩大传播面到社会公众。得益于微信和短视频的爆炸式增长，每个人都是媒体，于是许多在旧有媒体势力范围里找不到出路的建筑师发现了新航线，乘风而起出现在社会公众前面，成就了许多网红建筑师。

在行业里有一定地位和影响力的建筑师，对于网红建筑师的称号是拒绝的，似乎这会影响他们的学术纯粹性，或者拉低身位，但同时又无法忽视网络媒体带来的巨大传播和影响力。让我们回顾历史，其实每一代都有所谓的网红建筑师。总有建筑师借用新媒体传播成为时代宠儿。到意大利学习建筑的英国人是通过帕拉蒂奥的书发现他的建筑和他本人。尽管赖特嘲讽柯布西耶做一个建筑就要出几本书，但他也是因为出版了关于草原住宅的书引起欧洲人的关注，他在美国失意后依靠了欧洲的展览，巡回演讲引起了美国报刊的注意而东山再起，他的流水别墅更是因为当时强大的美国报纸新闻业的爆炸式传播而声名大噪。柯布西耶不仅出版书，还积极地演讲、办杂志、办展览。格罗皮乌斯虽然不太会画画，但会办学校，会利用杂志、报纸和一切势力发起论战，由此引起了社会极大的关注度。即便看上去寡言的密斯，也可以把一场官司通过媒体变成一场成功的个人营销。值得关注的是，这些人在当今看上去是主流，但在当时却是建筑界的边缘人物，庞大得看上去地位不可撼动的布扎体系培养出来的精致建筑师群体，几乎是用不屑或者鸟瞰的视角来观察这些"跳梁小丑"。然而时代则不会如此，到现在，我们几乎记不得多少那个时代的传统建筑师，尽管他们基本承担了绝大多数"战前"的建筑设计，我们甚至很少阅读他们的观点、发现他们的资料，他们在历史中似乎消失，而当时的非主流成为当下的主流。

这100年来，传播的媒介手段不断更新，我们面对一个资本主义极度膨胀的社会，更多的人关注意味更大的名声和生意。约翰逊深谙此道，他总是能站在媒体变革的潮流去占领更多人的注意力。他有效地借用出版、展览、论战、演讲、报刊、杂志、电台、电视、纪录片、美术馆和学校，最后他说服凯悦家族创办了左右建筑界情绪的普利茨克奖，第一届当然颁发给了自己。掌握了媒介手段，就是掌握了话语权。在《美国之神》里，奥丁不得不面对旧神退位、新神上位的事实，比如那个广告之神。BIG的视频和传播让这个从OMA出来的年轻人迅速成为明星，但很少有人知道他的父亲就是丹麦最大广告公司的老板。

而当新的媒介手段出来时，总有人会因此而大获关注，掌控旧媒介手段的关键人士自然会感受到挑战，无论他们如何不情愿，他们最终要分出自己已经垄断的话语权，历史总是会一而再、再而三地证明了这点。

我第一次知道马岩松是在《参考消息》上，甚至有一段时间新浪网首页总有他关于未来城市发展的各种效果图，他是借用了网络传播的第一次力量，他是那个时代的网红建筑师。那个ABBS时代，马岩松是少数还能以持续创造力而活跃的建筑师，其他一些红人则似乎消失了，而潜水不为人知的某些网名背后则隐藏着后来有广泛影响力的建筑师。我们面对来势汹汹的网红建筑师，唯一可以表达的态度是某些历史经验的总结。突来其来的名气会腐蚀掉大多数人，而那些留下来的建筑师最后还是依靠建筑作品而存在。如今的自媒体给了年轻人不需要仰人鼻息而破茧而出的机会，这些动物凶猛的网红建筑师如他们前辈们，时光就是过滤器，有的会留下，有的则消失，不废江河万古流，任何任去留都不可耻。至于旧媒体，要么拥抱新趋势，要么坚守成为最后的堡垒，哪种选择都不可耻。只有一种情况或许是有些可笑，就是面对新趋势吹毛求疵，常常会说：这很危险，太不学术。

你看浙大推出新规，如果网文有10万以上阅读量，就可以视为一篇论文。那么可以预见未来网络传播会逐渐具有了学术公信力，那时所谓的网红建筑师就是具有学术价值的建筑师。而我们，正好处在这个转变的档口，拥抱它，没必要大惊小怪的。

最后说一句，周榕老师本身，也算得上网红评论家的。🔳

陈卫新

设计师，诗人。现居南京。地域文化关注者。长期从事历史建筑的修缮与设计，主张以低成本的自然更新方式活化城市历史街区。

山河表里——旅晋笔记

撰　文｜陈卫新

　　途中用手机记下的一点杂碎文字，一方面是为了方便回忆，另一方面的希望是，如果你是一位设计师，恰好还没去过山西，赶紧去，那些建筑、壁画、泥塑真的很棒。

一

　　7月15日到山西。"晋善晋美"这个广告词据说不让用了，现在的广告语是"华夏古文明，山西好风光"。不知道谁想的，真是差劲得很。走太洛古道（万里茶路），由高平、长子线一路南下。至一座明万历九年（1581年）的观音堂，有古松昂立，刚好看到一只白色的大鸟从枝头飞过，我想这应该视为一个好开始的祥兆。

　　车折向西行，遇法兴寺。虽然是移迁至此地，但规划有序，寺中有咸亨四年（673

年）建的舍利塔。另有北宋元丰四年（1081年）圆觉殿，庄严宝相，泥塑美极了。不让拍照，只能安静地多看几眼。崇庆寺藏得深，由当地人领路，还错了一座山头。北宋元丰二年（1079年）所塑十八罗汉真如神品一般。大士殿、十帝殿、千佛殿之彩塑中，尤喜一尊禅定罗汉。中国的泥塑与西方的雕塑，一为加法，一为减法，以形达意，中国的泥塑毫不逊色。

　　第二天走长临线，经李庄，有文武庙。五代前，佛像周围多为壁画，内容以华严经变为主。维摩问疾，佛使文殊去维摩诘处问疾。罗汉是赠人玫瑰手留余香的，而菩萨是赠人玫瑰心无挂碍。以基督教的话比方佛教，倒也是没有什么分别心。壁画大多以粉本为形式构图定位，一般是在纸上画稿，然后以小洞成线，粉包扑击成色。张宇飞先生说，道家的庙在高点，佛家的庙在

空白点，儒家的庙在关节点，俗家的庙在六秀之地。这是一种来源于生活的总结。

　　原起寺。唐代的经幢，五代的大殿，尤以宋元祐二年（1087年）的砖塔为胜。塔顶有八个铁人，塔身共计有五十六只铁铃。无风自然就没有听见声音，但又分明有声音不停地响起。下山的时候不由便想起了苏轼，想起了元祐党争。至大云院。五代时期建造的弥勒殿，木结构气质安稳。此处因净土宗《大云经》得名。同时期天顺元年（1457年）的壁画，主题也为维摩问疾，水平之高，让人感觉到画者的全场控制力。壁画没有做粉本，是直接在墙壁上淡墨起稿。山水技法已见皴法运用。宋元时期，常被后人称为中国艺术的黄金时代。在这样的黄金时代，山水画本身也成就了一座高峰。

　　深山藏古寺，下午转去龙门寺。这座

寺藏得巧妙，山、寺、殿、厢，起承转合，如同画卷。五代、宋、金、元、明、清各余有一殿，算得上古建筑博物馆了。明代壁画尚存一壁，大殿左柱，还留有一页"八中全会"报纸头条残迹。太阳快落山的时候，终于赶到了佛头寺。过烟驼村，穿越古道石门，至寺前平台。打电话，等村里人开门。山风打冈上过，又从门缝间冲出，算得上是有一片清凉。有趣的是，当守庙人赶来后，聊了几句，老太太竟然是一位基督信徒。真是出乎意料。寺内仅余下金代的大殿，内墙有两壁明代壁画，保存不好，但用笔利落大方，清晰可见。日落之下，殿前的树丫之间，有蜘蛛结网，莹光一闪。

17日，至南宋村的玉皇观五凤楼。元代五重檐建筑。明代献亭。此次访山西，所到之处全是国保单位。"地上文物看山西"，果然。至开化寺。宋代壁画，精彩至极。有造像云，微尘世界，瞬间永恒。又至附近乡间，寻见目前我国最早的民居建筑，大元国至元三十一年建的姬氏民居。

完好度超出我的预期，可惜门窗被当地文保单位封闭了，不能入室一窥。接着又去看现存最早古戏台，金代大定二十五年（1185年）二郎庙的古戏台。傍晚赶去看一座道教的仙翁祠，明代三面围合长卷式壁画，绘玄宗朝元之意。画中人物众多，繁而不乱，皆因画中祥云之助。云由图中仙人开山斧后升起，起起伏伏至起驾处结束，完整地穿插联结构图，技法灵动，不拘小节，但又不逾礼，与之前佛教壁画经变构图的稳定律动完全两样。

18日，青莲寺原名硖石寺。唐、宋、明，彩塑各有一殿。同样不能拍照，只能多看一会儿。主殿檐下有"勾心斗角"，"走投无路"。台上有碑记若干，其中以明隆庆四年（1570年）王国光题诗最好。王国光是张居正施政的副手，当地人，留诗于此实在是很合适。后殿有一处明代彩塑，以最右边的大梵天立像最佳。墙角余一碑，书法好极，落款为寺僧某某，时在大金明昌二年（1191年）。下午，在府城村附近，访玉皇庙、关帝庙。玉皇庙内的元代彩塑

二十八星宿早有耳闻，另大殿宋代彩塑与偏殿明代彩塑也颇精彩。诸神的可能，因民间需求而存在。需求多了，神也就无处不在了。关帝庙，过去是泽州府衙，官气依旧，门大开着，感应到有人来，便警报声四起。院子里有几根石雕柱子民俗味十足。有意思的是，一直到离开，也没有一个值守的人来察看。在山西，总能遇到这样的情况，好建筑多，但观者不多，常常遇到一个地方只有我们一队人。站在院子里，如同站在时光之中，院落空空，墙角有一枝夹竹桃花正在安静地开放。

20日，南禅寺。五台县唐代寺院，现存最早木构架建筑。从南禅寺出来不远，便是著名的佛光寺及其东大殿。东大殿为唐代建筑，门后有些书写颇有趣。想起梁思成与林徽因当年发现时的欣喜，感同身受。

从佛光村去公主村，途中太阳忽然下去了，凉爽，只一条路远远地往大山前进。至公主寺。右侧坡上有小龙王庙孤立，粉墙留有题记，并清道光年间数次求雨实录。庙门不存，门前有马一匹，只顾自由吃草，

应县木塔

南禅寺

佛光寺东大殿

旁若无人。大殿两侧壁画保存尚好，可惜门前大树已枯死，空旷之下颇有画意。公主寺在修，明代建筑、彩塑皆好，以壁画更精。大雄殿两侧各有一院，供奉奶奶与关帝，且各建戏台一处，延用至今。戏台后场墙上胡乱写有戏词、演职名录、色情小调，鲜活有生气。

21日，登翠屏峰悬空寺，那是令狐冲住过的地方。《笑傲江湖》中是这样写的："方证与冲虚仰头而望，但见飞阁二座，耸立峰顶，宛似仙人楼阁，现于云端。方证叹道，造此楼阁之人当真妙想天开，果然是天下无难事，只怕有心人。三人缓步登山，来到悬空寺中"。金庸先生内心实是有儒教影响的，"安排"令狐冲与方证、冲虚站在此处，恰同三晋之地儒释道三教合流的状态。山寺由铁杉木浸桐油而建，建筑悬空如临仙境。下午去浑源县，浑源城关镇东大街，一条街竟有两个全国文保。未到永安寺门口，先听到圆觉寺的铃铛声，塔尖有铁制风鹤，近千年风定如常。永安寺大殿制式规格很高，左右分开各写"庄严"二字，问时间，书刻于1342年。

至应县释迦塔。如何好，用文字很难表达，只是在台阶上坐了好一会儿，夕阳西下，没有看到传说中的燕子绕飞。由应县木塔回大同，车经金沙滩，没有沙，都是树。想起杨家将。第二天，赶至云冈。看完云冈石窟，遇暴雨。当地气温最低只有18℃。由大同回太原，一片团雾，长城是没有看到，远远地，一片大山蜿蜒而去。大雁不过雁门关。回头看，标牌上写着，雁门关隧道5600m。

23日，至交城玄中寺，古称石壁寺。因昙鸾、道绰、善导三位大师住持过，日本净土宗宗此寺为净土祖庭。读《高氏碑》，唐人渤海高氏，为古代女书家之一。此碑正式名称为《唐·石壁寺铁弥勒像颂并序碑》，建于开元二十九年（741年），璞州尉林谔撰文，太原府参军房嶙妻渤海高氏书。金代重刻。"交城的山来交城的水"，离开玄中寺，又遇一宋碑，首句为"天的气力里"，不知何意。晚上查询资料，发现为元代某公主懿旨驸马钧旨碑，建于太宗后三年（1244年），使臣赵国安立石。首句"天的气力里，皇帝的福荫"，我觉

得应该是一种口译。

午后至汾阳境，车沿着峪道河前行。有文字记载，在河谷一侧，晚清至民国时曾改过许多磨房为别墅，现多不存，只在一个小学校里寻见高桂滋将军的一座房子。据说梁、林当时暂住的房子距此约1km左右，尚存基础地台与排水沟。便往上游去寻，找出三四公里，也没有找到。倒是看到了冯玉祥将军的双亲墓，建造简朴至极，青砖垒砌，坡前有黑松若干，与周围树植不同，略带古意。有一段不知何处来的清嘉庆残碑，斜倒在树下，更显得几分落寞。回过头看，峪道河干涸见底，石出无水痕。历史上的许多事情，不就这样吗？说忘也就忘了。1934年，梁林住在此处时，在附近拍过不少照片。老照片中佛像为明正德年间铁佛，共七尊。其中一尊铁佛受了外力，低下了头。同行杨杰先生曾在汾阳地区找了许久，查到过这尊佛的下落，可惜已经没有了头部。去找曾经供奉铁佛的灵岩寺。途中经过金代道观太符观，都讲太符观的悬塑好，我倒是觉得偏殿后土圣母殿的明代壁画更好，甚至

壁画细节

造像细节

可以说不是一般的好。傍晚，至小相村灵岩寺。灵岩寺只剩下药师佛塔了，还有一座砖砌无梁小殿。殿里正跪着一家三口，几个和尚在颂经，其中两个戴着耳麦，一唱起来，声音便扩大了，带着回声升高，一直升到拱顶。出来，天已经黑了，不但黑，而且闪电，大雨如注。我想，此刻，峪道河应该奔流不息了吧，历史的细节总是在不经意间闪现。

晚上，住杏花村汾酒厂。晚饭上了四壶汾酒，老白、白玉、玫瑰、竹叶青各一壶。吃完饭，几个人走去看工厂的老大门，门头上是郭沫若写的"酒之泉"。字好不好很难谈。那么就不谈字吧。谈歌，谈山西的民歌。小时候，经常听的磁带，有一盒是任桂珍的民歌，AB面各有山西民歌一首，《汾河流水哗啦啦》与《赶牲灵》。谈得不尽兴，便唱，一连唱了几首，拖着拖鞋回房睡觉。

24日，至霍州。霍州府衙的规制完整，大堂是一幢元代建筑，尚属珍贵。可惜，搞了许多莫名其妙的蜡像。下午至洪洞县，幸亏有乡人引路，车子才得以直至寺院山脚下。谁说"洪洞县里无好人"？那只是苏三的唱词。广胜寺有三绝，飞虹塔、壁画、赵城金藏。晚上，入住灵石县静升村的崇宁堡酒店。

二

第二次至山西，距离上一回仅仅三个月而已。当年读书时就一直想来的地方，转眼三十年了，这才姗姗来迟。所以内心总有一种愧疚之感，带着这样的心情游山西，难免会看得认真一点，有时想的也就多了一点。

10月15日，又住进了崇宁堡，这次来，刚好遇到山下村子里有人家做白事，请了一个班子唱山西梆子。乐声嘹亮，远远地传过来，就像在眼前唱一般。山西的音乐真的很厉害。

浑源县的律吕神祠，据说原先是祭拜音乐神的地方，现在是座小小的龙王庙。大殿中壁画为清代民间画工所绘，构图杂乱，但用笔率真、煊丽，颇有趣。尤其前后四幅独立的图画，更显出壁画构图形式的传承性。左侧的"龙王归宴图"，我以为不确。感觉画意指向的是水厄神君，此处与南方两两相对的另一幅三眼神像应为二郎神君，也是民间常说的主水之神。

水厄一词，古有之。落水沉舟之水厄以外，饮茶也在其中。晋代王濛，官至司徒长史，他特别喜欢茶，不仅自己一日数次地喝茶，有客人来，也一定邀客同饮。因此，去王濛家时，大家总有些紧张，每次临行，便戏称"今日有水厄"。《世说新语》里原文是这样写述的，"王濛好饮茶，人至辄命饮之，士大夫皆患之，每欲往候，必云今日有水厄"。图中一位巧笑的女子后面，靠近立柱一侧撑着灯笼，上写"茶某祠"三字，中间一字看不清楚，让人捉摸不定。如果是茶厄倒也有趣了，制茶饮茶之误，可称茶厄，茶厄是水厄中第一厄。明代沈德符《野获编补遗》中记："茶加香物，捣为细饼，已失真味，宋时又有宫中绣茶之制，尤为水厄中第一厄。"民俗化的壁画中倘若真是如此刻意设计，也算得上大俗大雅了。 **END**

高蓓

建筑师、建筑学博士。曾任美国菲利浦约翰逊及
艾伦理奇（PJAR）建筑设计事务所中国总裁，现
任美国优联加（UN+）建筑设计事务所总裁。

旧物礼赞

撰　文 | 高蓓

有一天我从农场的桥上过，看到一辆斜倚在桥墩上的自行车，哇，很美的自行车。那种以前叫"28式"的，线条刚挺，简洁雄壮，锈得通体都是一种润泽的黑红色，坐垫是棕色皮质的，边都磨毛飞了起来，大梁下挂着一块旧旧的黄白色小牌子，黑字标号"上海 xxxxxx"，最重要的还有一个用塑料扁带手编的方正前筐，肌理漂亮，颜色灰暗得恰到好处。

它好似一件宝物，在阳光下发着光，我激动地托陈老师去问，这是谁的自行车，100元可不可以卖给我。

回信说是木工康师傅的，但是现在不舍得卖，因为自行车还很好骑，是多年上下班的代步工具。

我悻悻作罢。

第二天一早陈老师电话我，农场里推来了四辆自行车，都可以卖给我，"都是那种旧得没人要的"。

我激动地去验收，都不满意。大家问我原因，我说第一辆，不够老；第二辆，不够破；第三辆，太破了，车座脚蹬都没了；第四辆，后面的车驮是半圆弧型的，不像康师傅的那辆，方正质朴。

大家都无语，眼神有点晕。陈老师把四辆车让那四个农人都推回家了，我也有点沮丧，他们本来以为可以卖100元钱的，毕竟村里收破烂的才给5元。

后来吃饭的时候，听大家在议论到底康师傅的车子和那几辆比起来有什么不同。我想大家的结论一定是：老板疯了。

戴总的太太特别理解我，她们住在当地，吃农家菜的时候一想起我，就要在人家房前屋后转一圈，有没有旧缸什么的，就这样，前前后后运来三车大大小小的旧缸，乐得我眉开眼笑。当然，这种理解非常珍贵，因为胡大哥两次发图片来，邀我去看一处他偶然路过时发现的、我"一定会喜欢"的地方，那是一个凭图片就能感受到浓郁气味的地方 —— 废品收购站。

第一次我回复"不用去了，好像一般"，第二次我回复了"不怎么样，不是我要的"，他回我"你是指它们不够脏不够破？"

我用颤抖的手指回复了一个笑脸给他。

我挣了一下，我发现理解大家要比大家理解我容易。

农场现在建设中所用的材料，一半以上都是回收的，从堆场买来的混凝土模板木条，先把表面弄干净再打磨使用，旧砖也要先仔细敲掉上面原来的水泥，旧钢筋用拖拉机拉直了以后再用，其实都特别消耗人工，算下来一点不比买新的便宜。所以大家朴素的理解是：老板就是不喜欢新的东西。旧筐做灯罩，旧混凝土楼板铺地，旧瓷砖贴桌面，旧脸盆用来做装饰，旧缸用来种花。大家朴素的理解是：老板就喜欢又破又旧的东西。

好不容易建立了逻辑上的理解，还要在破旧中寻找不同，在这儿工作有点难度了。

我觉得得让我的行为取得更多的理解，以降低未来工作中的交流障碍，于是我分别找了几个农场同事聊了一下，结果整理如下：

一、用旧的、用二手的材料是为了减少浪费，大家越来越明白了，也愿意接受。虽然不支持率仍为 87.5%（聊了八个人，有一个是支持的），原因比较统一：太麻烦了。

二、不是所有的旧的东西都是好看的。大家表示一致赞同，也一致表示不晓得好看在哪里。

三、好看的旧东西要合理改造利用，比新的更有吸引力。大家表示一致赞同，并举出多处农场实例加以佐证。

在调研中，也得到了很多合理化建议，比如说，需要明确我从云南千里迢迢背回来的那几个旧条凳的位置，否则总是被工人拿去做高处施工时的垫脚，眼看就要散架了；再比如说我拿给采摘阿姨们用的旧竹背篓不好使，不似泡沫箱或编织袋那么轻便，还是不用了罢。

结合略有矛盾的调研结果，我觉得最需要让身边人明白的是：我赞美的旧物是什么样的。

器型，是首先重要的。

美好的器形，一个缸、一只瓷杯、一个背篓，旧了更能凸显出它的筋骨轮廓，没有了谓之"新"的反光表面和锐利线条，反而结构更丰满纯粹了。

比器形更迷人的，是自然材料与时间相反应的开放性结果，这是一种在人力之外的作用力。那些梁木上不均匀的褪色，那些陶器上神秘的斑点，那些铁板上水渍般的条纹，那不再是设计的意图，甚至不再是材料本身的意图。一种无法预知的强大而绵密的力量雕琢过他们，尚没有人知道结果，也永远不会有人知道结果，因为一切仍在经历、仍在悄然的变化中。

很多年前的一天我路过一个山谷，看到一座崭新的白瓷砖墙面的"旅游管理中心"，在重山葱茏和柔软的绿波中，仿佛广播着无知的粗鄙。再向山里走，路旁有几面断壁残垣，远看风雨侵蚀过的墙壁斑驳陆离，近处看砖缝里苔藓和阴影里细细的爬藤充满生气，好似一群静默的雕塑，好似神奇的图画，又好像从这山谷里长出来似的。我突然明白了这个世界上可能从来就不会有丑陋，因为所有的丑陋和风流一样，都会被雨打风吹去，然后变成时间的伙伴，变成旧的东西，然后似乎不再有"我"，变成着本来世界的一部分。

我很难把那称为"美"，可能"和解"是更贴切的词汇。因为在自然的世界里，在岁月的经历中，没有其他的选择。

不再有那一味的白，或是努力的黑，就像是木头放弃了紧密的结构，松弛地泄露了内在的纹理；就像是花房里那个旧纺轮，轮上的竹齿都不全了，踩起来像是豁牙迎着风，等待剩下的齿一个一个脱落。

这样的"美"动人心魄，却既不显眼，也不执着。这些旧物都是沉默的，所以很容易被当做垫脚板，但是气质各有千秋，有的缄素、有的沉郁、有的慵懒。那些人工材料的物品很难如此，它们不会旧，只会破和烂。

顾师傅是支持我的，他 73 岁了，花房的廊架都是他帮我用旧竹旧木一点点搭起来的，铺地的旧石磨也是他一块块搬进来放好的。他用旧水缸做了一个小小的涌泉，那只旧水缸是补过的，补过的地方有一块蛛网般的图案。快做好的时候我去看，吓了我一跳，"为什么要把这块补疤放在正面？""我觉得这个很特别啊，好像一朵花一样，别的缸都没有。"顾师傅说。

其实我觉得那里需要一个结实的体量，凌乱的线条有点削弱这种单纯性。可是我说："好的。"

每次路过那里的时候，看到那朵凌乱的"花"，开心地想着顾师傅喜欢这样。

我也旧了，挺好的。 END

彼得·卒姆托的建筑之旅

摄影、撰文 ｜ 梁志平

I | 2 | 3

1-3 田园礼拜堂

2017年7月末，参加有方组织的"卒姆托在自然中"建筑旅行，在德国、奥地利和瑞士三国交界的阿尔卑斯山脉之间，走访卒姆托的建筑作品。在卒姆托事务所工作过的郭廖辉老师担任学术领队。

瑞士有不少具有国际影响力的建筑师，赫尔佐格·德梅隆、卒姆托是其中的代表。卒姆托完成的建筑项目并不多，但每个项目都能展现出非常独特的构思和艺术性，这正是远道而来的原因。

火烧小教堂

走访第一个项目是克劳斯兄弟田园礼拜堂（Bruder Klaus Field Chapel），又名"火烧小教堂"，位于德国梅谢尼希（Mechernich）。

梅谢尼希是一个小乡镇，四周被农田、草坪和树林围绕，四周街道不是很宽阔但很整洁。虽然都是坡屋顶的乡村房子，但外墙设计都不一样，房子大门和花园，很花心思地装点了各种童话故事的主人公和动物的雕塑，例如白雪公主与七个小矮人、米老鼠、大力水手等，仿佛来到了童话的世界。颠覆了脑海里严谨、刻板的日耳曼人形象。

礼拜堂就建在这座具有浪漫气息的小镇北面，一片稻田的缓坡顶部。

车辆开不过去，只能停在附近的停车场，沿着田边小路步行十来分钟抵达。建筑的选址，卒姆托是经过精心考究的。十来分钟的步行时间，可以让信众或来访者的内心逐渐平静下来；纵横的步道，既是为了顺应田间小路，同时，也可以从不同角度向礼拜堂行注目礼，由远及近。

小路两旁的农田已经收割完毕，露出半截金黄色的秸秆。礼拜堂墙身采用夯土工法，土墙与禾杆都呈黄色，远远望去，礼拜堂就像从农田里生长起来，不过这幅景象只在这段时间出现。

漫步在路上，和风拂面，脑海里浮现起阿尔瓦罗·西扎的海边咖啡馆、柯布西耶的朗香教堂，还有磕长头信众前方的布达拉宫。礼拜堂和这些建筑物都有一个共同点，抵达路径成为建筑物的重要组成部分，且不可分割。

初次了解"火烧小教堂"的建造方式，确实感到惊讶。

将112根树干倾斜、围合、按锥形扎绑固定（与早期人类搭建的简易房屋相似），外围围上模板，并扎好钢筋、灌浆成型后，把里面的树干烧掉形成空腔。点火、燃烧，充满仪式感的过程让人联想到死亡。这里却是克劳斯兄弟田园礼拜堂建筑物的新生——演绎了"凤凰涅槃、浴火重生"一般的诗意。

进入礼拜堂的大门是一扇等边三角形的不锈钢门，使用三角形门扇，是为了契合室内三角形的空间形态。不锈钢的闪亮和精细的金属构件，显示了德国（或瑞士）的工业制造水准，同时强调这是一栋现代建筑。

三角形不锈钢门展现现代工业的美感，与夯土外墙展现粗犷的原始美有着剧烈的反差。阳光勾勒出耀眼的几何形，更加强了这样的对比。

礼拜堂内部空间狭小，就像一个山洞，一坑坑的条形肌理刻在乌黑的墙壁上，这是树干燃烧后的痕迹。在烛台上燃一根蜡烛，室内平增添了一丝的暖意，乌黑的墙上发出星星点点的光芒，那是玻璃球折射的结果。建造时，模板与树干之间需要拉杆固定，拉杆留下的孔洞，卒姆托定制玻璃球镶嵌在孔洞上，外界的光通过玻璃球折射进室内。

地面材料采用烧溶的锌，自流凝固而

201

1-3 克鲁姆巴艺术博物馆

成，呈现灰色自然流动的纹理；中间略凹，下雨积水会形成水滴的形态，与房子上方的水滴形天窗相呼应。这样水滴的形态出现在卒姆托的两个作品里，据闻跟宗教有关。

风、雨、阳光，甚至小鸟都可以从屋顶（开放的天窗）进到礼堂内部，人与自然还是与上天在对话？

"在瑞士这个多山的中欧小国，卒姆托如同"时代的传教士"，用自己的天真、热情与执着，实验着建筑的返璞归真与原始的魔力。"（2009 年普利茨克奖评委会主席给获奖者卒姆托的评价）

一块灰砖

离开梅谢尼希来到德国另一座城市科隆，这里有卒姆托另一个重要项目：克鲁姆巴艺术博物馆（Kolumba Art Museum of the Cologne Archdiocese）

由远及近，在街道和树冠的掩映下，克鲁姆巴艺术博物馆浅米色外墙和塔楼的天际线形式，有着贝聿铭的美国国家艺术馆东馆的印象。

克鲁姆巴艺术博物馆是一个"旧 + 新"的项目。选址在圣科鲁姆巴教堂和哥特佛伊德·波姆设计的礼拜堂的废墟上，首层除了接待空间，主要展示废墟遗址；二、

三层是博物馆的展览空间；另外，还有一个布满林荫的户外庭院。

卒姆托专门为克鲁姆巴艺术博物馆的外墙定制了一种特殊烧制、呈现银灰色的光泽的砖。灰砖就像细胞一样，成为建筑的皮肤，以局部镂空的形式围合遗址，保障空气的流通，降低室内外温差，这些措施都有利于对遗址的保护。遗址、新馆、庭院，几部分合成一栋建筑。新建的外墙使用灰砖与遗址衔接，银白色灰砖与老旧呈深咖啡色的遗址墙体相接，外部可以清晰看到新旧结合的边界和遗址的外墙。卒姆托使用砖作为外墙材料，通过镂空、密闭等建造方式，巧妙解决了博物馆对气候边界的需求。

博物馆新建部分的外墙与遗址外墙垂直重合，外墙只是一段破碎、残存的遗址，没法承受如此巨大的荷载，新建的建筑体通过细长的圆形钢柱支撑，形成底层架空的结构形式，将荷载降到遗址外墙可承受的范围。该受力结构复杂，据闻卒姆托团队为此花了不少精力。

博物馆展厅内部，以极简的空间形式呈现，没有任何多余的部分，这也是目前大部分现当代博物馆采用的设计和建造方式。看上去极简的盒子空间，实现起来往

往并不容易，需要做大量复杂的工作，例如把各种机电设备隐藏，保证美观和方便使用是个需要周密规划的事；卒姆托要求从内向外看，实现空间与外界的无边际连接，把窗框安装在窗洞的外边缘，超重玻璃的固定和安装，给结构师制造了又一个难题；天花上的灯孔，需要在倒混凝土楼板时预留，地面、顶棚都是混凝土现浇，一次成型。

克鲁姆巴艺术博物馆新旧建筑物相衔接的建造方式，令人想起植物的嫁接技术，嫁接后的博物馆建筑物实现了再生，并重现生机。

Annika

大巴停在一片树林附近，要到 Annika 的工作室，我们需要下车走上一段路。

Annika 学的是建筑，现在是一位女雕塑家。她在卒姆托工作室工作了 7 年，离开之后成立了自己的雕塑工作室。行程没有安排与卒姆托会面，估计老人家特立独行的性格也很少会接受访问。Annika 作为卒姆托建筑事务所的核心成员，或许可以从她这里了解到事务所工作和思考的方式。

弯曲的林荫小径，茂盛的大树自由地散落在两旁，阳光透过树叶间的缝隙洒落

纪
行

I | 2 3

I 墓园

2.3 乡村别墅

在布满鲜花的草地上，草地上雕塑般造型各异的墓碑安静地站着或躺着，这是一个墓园。竟然有人将工作室设在墓园里？这里真美！死亡仿佛也不再那么令人感到恐惧。愿意长眠于此，当然不是现在。

这里的大理石墓碑造型可谓充满想象力，有像一本书一样打开着的，繁花萦绕的，或刻上一段文字、一首诗作为墓志铭的，像一栋房子的，一只小狗依偎着的……主人的性格、喜好、价值观在这里延续。走在花园一样的墓园里，没有恐惧，只有祥和与安宁。相比国内场面宏大、庄严肃穆的墓园，这里空间尺度不大，给人以亲切感。

郭老师指着两块黑色尖塔墓碑说"这

是 Annika 的作品。"前面的疑惑似乎有了答案。

墓园的尽头就是 Annika 的工作室，规划为物料区、加工区、设计和展示区，面积约五六百平方。这里原来属于 Annika 的师傅所有，在师傅退休后她接手经营。

Annika 满面笑容地迎接我们，同时介绍了她们的工作方式。居于墓园深处，善用黑石，又常常阳光满面——这是她给人留下的印象。

她的作品大部分都使用一种挪威的黑色石料，没有丰富的色彩、没有漂亮的纹理，但质地细密。她解析喜欢用简单、质朴的材料来雕刻，认为带有漂亮纹理的石材，质地不够细密、结实；另外，漂亮的

纹理，会掩盖要表达的形态和想法。

卒姆托在礼拜堂使用夯土，克鲁姆巴艺术博物馆使用灰砖，Annika 则只用黑色石材做雕塑。他们在材料的选择上，似乎都有着某种共同的克制，并且都希望通过简单的材料，实现他们的想法。

Annika 的作品有墓碑也有艺术摆设，尺寸有 2m 高的，也有可以放在手上的。作品无论形态、切割、打磨的精细程度，可以比拟工业生产的金属制品，自然配得上德国制造的烙印。

可能是我们的友好和热情感动了Annika，她临时决定带我们去他师父的家做客，顺便看看她老师傅的雕塑作品。

老师傅的家是一栋乡村别墅，是有着

300 多年历史的三层高的木构房子。房子带有一个大花园，花园紧挨着莱茵河，坐在花园的平台上，可以看到莱茵河畔两岸的景色。

进门后，左侧有一条通上二楼的木制楼梯，转右是客厅。位于客厅中央，是一个石块垒成的方形大壁炉，由此延展开不同的功能分区：入口、楼梯、厨房、餐厅、工作室和会客厅等。这样的布局，源于人们对寒冷气候的应对，过去没有其他取暖方式，整个冬季房子都要依靠壁炉产生的热量供暖，因此，壁炉就成了房子的中心。

白色墙体衬托出被烟熏黑的木梁结构，轮廓分外明晰。这是一栋翻新过的老房子，除了摆放各种家具和用品，在房子的不同位置都陈设着老师傅的雕塑作品，窗台上一些小摆件、墙角悬吊的黑色几何倒锥、壁炉边上横着的"船体"，也都是采用黑色石材做原料。Annika 的用材习惯是来自她师傅还是卒姆托？关于这个问题，答案并不重要，或许这是他们共同的价值观吧。

客厅的工作台和柜子上摆满了老师傅的各式工具，形成一幅富有历史感的独特画面，摆放的每个物件仿佛都有一段故事，传递着一份记忆和情感。这里既是他的家，也是他的展厅。国内家居常见的电视背景墙、大理石拼花、华丽的装饰都不存在。但能感受到生活的变迁、历史的延续，过去与现代生活文明的和谐交接。

"入夜，窗外飘着大雪，老师傅一家子围在壁炉旁聊天，或看书、或擦拭使用了多年的工具。火光把整间房子照得暖融融的。"

巨石——瓦尔斯温泉浴场

告别了 Annika，我们继续行程，来到瓦尔斯温泉浴场。

几年前，与邻居 Hilary（美国建筑师）曾聊到瓦尔斯温泉浴场。分享过程，她兴奋地提到光、蓝色的光、声音、呼吸、流动的空间等词汇。然后是一脸欣喜与享受的表情。这是书本之外，对瓦尔斯温泉浴场最初的印象，也留下了美好与向往的想象。

瓦尔斯温泉浴场沿山坡而建,仿佛一块深灰色的长方形巨石嵌入山体。入口位于山坡的中部,需要从山坡底部拾步而上进入。浴场建筑正立面朝向平坦的山谷,长方形立面开着大大小小的方洞。

卒姆托希望建筑能消隐在自然里:横向嵌入山体、屋面覆盖草坪、采用片页岩做外墙,掩映在树林间。

瓦尔斯温泉浴场的外观朴实而简洁,内部却有着丰富而多变的空间结构。

从入口走进室内,经过接待区后,是一段约30多米长的内走廊。右侧有一排圆管凸出,泉水从圆管流下,时间久了,泉水锈红色的水迹就留在墙面和地面上,并形成锈红色的序列;左侧,是一整排小方盒子的更衣室,每间更衣室能同时容纳4至5人使用,穿过更衣室可以到达浴场上方的过道。

站在过道上可以俯视整个浴场,同时可以感知到建筑与山坡的嵌入关系。从上方过道进入浴场区需要经过一段平行于过道的缓坡,缓坡边上的黄铜扶手在幽暗环境下发出柔和的光泽。

浴场由17个独立体量构成,位于高处的4个体量分别是桑拿房、淋浴间、更衣区、理容区;位于中间的8个体量分别

是高温池、冰池、淋雨间、冥想室、饮泉室等;面向山谷一侧,分布了5间休息室。浴场提供可以探索和发现的空间,犹如洞穴,天光透过岩石的裂缝渗入进来,石块散发出微微的热,大小不一的石块分隔出不同的岩洞浴池区域。巨大的石块呈风车状分布,穿行其中,眼前景致随之改变。从浴场窗边走过,对应外立面大大小小的窗户,反映出室内的不同活动空间。

室内水池与室外水池存在于各体量的围合当中,有水道连通。每个体量独立支撑属于自己的屋面,屋面与屋面之间留有线型缝隙,阳光穿过缝隙进入室内,形成线光(线性的亮光),这里再次体现了卒姆托对光的掌控能力。线光是一道边界,把不同功能的体量区分开。中央浴池上方屋面有阵列的方形天窗,散发出幽暗的蓝光。可能这就是Hilary提到的会呼吸、蓝色的光。天光神秘性的表达,继承了土耳其浴场的特征。水池与廊道的布局方式,带有罗马浴场的影子。

建筑用材上,卒姆托依旧克制,内外墙体都使用了片麻岩作为面材,材料的一致性形成巨石般的统一感,墙体施工方法延续了罗马浴场使用大理石的建造方式。片麻岩呈深灰色,细看有银色的晶体光泽;

没经过抛光处理,呈现朴实与安静的特性。

瓦尔斯浴场还注重开窗和对景,与中国园林的手法有相类似的地方。

三只碗——布雷根茨美术馆

行程参观最后的一个作品是位于奥地利的布雷根茨美术馆。

布雷根茨美术馆由两栋楼组成,面向河边的一栋是博物馆展厅主楼。背后较矮的一栋深灰色楼房是副楼,设有办公、餐厅等功能。

之前在书本上看到布雷根茨美术馆,被极简的空间吸引,光透过天花的蚀刻玻璃泛进室内。极简的背后往往是复杂的。

远看布雷根茨美术馆,与一般国际风格建筑无异,这项目区别于卒姆托的其他建筑作品,是一栋"彻底"的现代建筑,玻璃幕墙加清水混凝土。特别之处,是"三只碗"的展览空间,形成光的容器。

展厅主楼地面上三层,每层由三面风车状旋转的墙体围合,展厅体量依靠贯通的3堵厚墙撑起了3个碗状的混凝土展厅,光从四面没有混凝土遮挡的顶棚上方位置进入展厅,整片天花用金属构件悬吊蚀刻玻璃,观众观赏艺术品时,看不见窗户和阳光,却能感受到太阳光的变化,建筑仿

1-5　布雷根茨美术馆

佛是有呼吸的生命机体。这与瓦尔斯温泉浴场或其他项目处理光的方式不一样，但目的是一样的：捕捉自然光，并让自然光与建筑建立密切的联系。

建筑外墙是双层的幕墙结构，外层幕墙是由大片玻璃板构成的鳞片结构，尺寸相同，未经打孔或切割，以大型金属钳具构件固定在金属托架上，玻璃边缘外露，鳞片状结构的结合处是开放的，风可以吹进来。

内层幕墙则是建筑的气候边界。外层幕墙像是鱼身上的鳞片，或是一张渔网，自然的气息穿透而过。

参观当天，展厅正在展览一位艺术家的作品，二层地面摆满远古时代的化石，顶棚的蚀刻玻璃面上，放满了绿色的叶子，模仿森林的场景；三层漆黑的环境中间摆放一个巨大的燃烧装置，烈火红红燃烧（缺氧和热气导致产生窒息的感觉，迫使逃离）；四层顶棚上的人造光源全部打开，展品立在中央，空间被照的亮白。艺术家展览搭建的临时场景，影响了建筑空间原

有的纯净，感受不到三只碗与自然光的微妙关系，对于来看建筑的我们确实有些可惜。就当做是旅行的趣味吧。

之前参观卒姆托的项目，大部分都属于"乡建"，只有布雷根茨美术馆是城市建筑，在这个项目中，可以看见卒姆托在城市建筑里融入自然的实践。

结束

媒体说："身体和灵魂总有一个在路上。"

大巴车上，电话铃声此起彼伏。设计师团友们虽然在国外的路上，灵魂却还在国内公司里忙碌着，这正是目前中国经济快速发展过程中设计师们的生活写照。

在德国、瑞士、奥地利的边界山间奔跑了几天，除了参观了卒姆托几个有代表性的建筑作品，还参观了 Gion Caminada、Jurg Conzett、Valerio Olgiati 等瑞士建筑师的作品，另外还有 Annika 的工作室。对瑞士建筑师群体有了一些初步的认识。

设计师和植物一样有地域性，每个地区的设计师；作品会有某些共性，这些共

性是由历史与文化共同塑造。在共性的范畴内，依据各自的直觉意识形成各自的风格和建造体系。

瑞士建筑师普遍重视建筑与自然的融合关系，并展现自然的痕迹。他们也更注重对自己感性认知和直觉的表达，感性的认知不但存在设计师的意识里，也存在客户的意识里，因此，他们的这种表达也较容易得到客户的尊重和实施，造就了建筑的独特性和艺术性。

国内与瑞士有着不一样的生活频率，生活观、价值观也有着巨大的差异。既然差异巨大，从中我们又能有什么样的获益？曾有一位朋友留学瑞士学习建筑设计，感叹回来后不会做设计。这是朋友的谦虚，不过不适应也是客观存在的事实。设计周期、费用差异等，除去地理因素，最主要的可能是瑞士与国内人们对感性认知的理解和接受程度的区别。

旅途的过程，就像打开一本书，每个人读完都有不一样的理解，相信开卷总有益。END

"源起"
——第二十七届中国室内设计（江西）年会顺利召开

资料提供　｜　中国建筑学会室内设计分会（CIID）

2017 年 11 月 8 至 10 日，年度中国室内设计界大型学术盛会 —— 中国建筑学会室内设计分会（CIID）第二十七届中国室内设计（江西）年会及相关活动在南昌大学顺利召开，来自全国各地的设计师及行业媒体等汇聚一堂，共同参与这一年度盛会，并围绕年会主题"源起"开展各项学术活动，热议中国室内设计，寻求中国设计的未来发展空间。

年会开幕式及中国室内设计论坛

2017 年 11 月 9 日，年会开幕式在南昌大学体育馆隆重举行。由邹瑚莹女士向参会代表通报了中国建筑学会室内设计分会换届选举详细情况，公布了新一届理事会名单。接着分别由中国建筑学会秘书长仲继寿先生、南昌大学副校长朱友林先生、广东金意陶陶瓷集团有限公司董事长兼总经理何乾先生、中国建筑学会室内设计分会理事长苏丹先生作开幕致辞。

由傅祎女士与吕永中先生主持的中国室内设计论坛中，3 位演讲嘉宾分别做了不同主题的学术交流和精彩演讲。中国中元国际工程有限公司首席总建筑师、第六届"梁思成建筑奖"得主黄锡璆博士以"医疗设施室内设计"为题发表演讲，从现代医疗设施的特征、医疗环境涉及的内容、医疗设施室内空间分类、医疗设施空间设计要点等方面，结合具体案例讲述医疗设施设计的各个方面；国际知名艺术策展人及评论家、意大利米兰新美术学院（NABA）教授、乌尔比诺大学客座教授 Maurizio Bortolotti 以"艺术与建筑物之间的关系 (The Fabric and the Visual/Art and Architecture)"为题，谈到建筑物不仅是城市中孤立的图标和大楼，而是人与人之间的沟通方式和桥梁，并通过自己策展的两个案例来展示艺术和建筑物是如何彼此共融、共生；西安建筑科技大学建筑学院院长及博导、陕西省古迹遗址保护工程技术研究中心主任、国际建筑师协会遗产与文化特征工作委员会主任刘克成教授以"双城记"为题，通过分析在西安与南京两座历史文化底蕴深厚的城市中的设计案例，表达出设计师对待历史的态度应当是尊重、保护、对话，既包含着对历史的肯定，也包含着对自己以及时代的肯定。

年会同期展

11 月 9 日，在南昌大学体育馆同期举办了室内设计相关展览，包括 2017 年第二十届中国室内设计大奖赛优秀作品展、2017 第七届中国"设计再造"创意展、2017 年度中国室内设计影响力人物提名展、2017 年高校公开课展、"室内设计 6+1"2017 年第五届校企联合毕业设计展、2018 年中国室内设计（重庆）年会预展及年会相关支持企业的产品展等。

主题论坛活动

11月10日，在南昌大学艺术楼同时开展了多场主题论坛活动，邀请了国内知名设计师分享实践经验与设计心得，主题论坛包括：城市更新下的再设计（上）、酒店设计、空间＋、对话江西、城市更新下的再设计（下）、新餐饮、茶空间、乡建民宿，为在场嘉宾与在校师生带来了设计领域的视听饕餮盛宴。

年度奖项揭晓

11月10日晚在南昌大学体育馆的颁奖典礼为"第七届中国'设计再造'创意展"、"中国室内设计影响力人物"、"第二十届中国室内设计大奖赛"等系列活动进行颁奖。

中国"设计再造"创意展倡导"绿色、环保、低碳"理念及宗旨得到了社会各界的高度关注和认同。自2月启动，历经活动预热、作品申报、百幅作品入围、综合评选四个阶段，共征集到参评作品393件，此次活动共评出等级奖14名，导师奖10名。

2017年，中国建筑学会室内设计分会继续作为"中国建筑设计奖"室内设计奖项指定申报单位，将"中国室内设计大奖赛"与中国建筑领域"中国建筑设计奖"对接，大奖赛工程类等级奖项目符合中国建筑设计奖申报及评审条件的，将由室内设计分会向中国建筑学会推荐申报"中国建筑设计奖"。共征集到参赛项目近600件，参赛作品分为工程、方案两大类，另设新秀奖及最佳设计企业奖。共评出等级奖65件、入选奖288件，最佳设计企业奖10家。等级奖包括金奖作品6个，银奖作品22个，铜奖作品37个。

中国建筑学会室内设计分会联合全国室内设计行业专业媒体、业内顶尖设计师，在2017年第三次推出"中国室内设计影响力人物"评选活动。2016年11月至2017年1月，由9位特邀专业评选媒体主编和6位连续两届"中国室内设计影响力人物"获奖者组成评选提名委员会，18位设计师获"2017年度中国室内设计影响力人物提名"。2017年2月至9月，18位提名设计师，在全国10个城市进行巡讲活动。在颁奖典礼现场，终评评委移步评审区，现场评选，并综合网络投票、设计师年会现场投票等情况，最终评选出10位"2017年度中国室内设计影响力人物"，分别是：陈彬、陈耀光、葛亚曦、姜峰、赖旭东、梁建国、沈雷、孙建华、吴滨、杨邦胜（以拼音首字母排序）。

年会的成功举办，得到了相关合作企业、承办单位的鼎力相助。颁奖典礼上，中国建筑学会室内设计分会常务副理事长兼秘书长叶红女士为本届年会瓷砖类唯一合作伙伴广东金意陶陶瓷集团有限公司，年会合作企业青岛海信日立空调系统有限公司、CIID设计师材料网等举行了授牌仪式。自此，第二十七届中国室内设计（江西）年会颁奖典礼在歌声中圆满落下帷幕。**END**

事件

```
I
  2 3
  4 5
```

1　年会开幕式于南昌大学体育馆隆重举行
2　中国建筑学会室内设计分会理事长苏丹先生致辞
3　中国室内设计论坛
4　"2017年度中国室内设计影响力人物提名"获得者合影
5　年会同期展

米兰国际家具（上海）展览会开幕

资料提供 ┃ 米兰国际家具（上海）展览会

2017 年 11 月 23 日，继去年首次成功举办后，2017 年第二届米兰国际家具展再度来到上海展览中心。本次展会有 109 家意大利顶级家具品牌参展，将意式设计引入中国市场。"在去年取得巨大成功后，一百多家意大利公司将参加第二届米兰国际家具（上海）展览会，证明了这 国际盛会所具有的非凡意义"，意大利驻华大使谢国谊（Ettore Sequi）说道。

米兰国际家具展主席 Claudio Luti 这样表达他对这次展会的期许："米兰国际家具（上海）展览会是设计业界的全球性盛会，也是我们的核心会展品牌。第二届上海展会将展示意大利制造商的最高设计水准。我们期望本次展会可以成为一个战略性契机，让展会观众乃至整个中国社会都能一睹意大利的设计风采。"他还提到，"我们希望把这一盛事打造成为意中两国商业和文化沟通交流的桥梁，聚焦于意大利制造的品质和质量，实现充分且富有意义的沟通。米兰国际家具展兼顾创新性、原创性、工业性和产品质量，是全球首屈一指的设计盛会。我们十分荣幸能够把我们的理念和优质产品介绍到中国，借此机会，中国的专家可以了解意大利产品，我们的公司也可以发掘潜在客户群体。"

为期 3 天的展会以设计区、经典区和奢品区将不同风格的品牌集中展出，展开 3 场风格穿越之旅，对未来设计趋势展开远见卓识的预告。经典区展出一系列经久不衰的产品，充分体现传统工艺之美；设计区展品兼具功能性和创新性，极具特色；奢品区展品以当代设计理念重新诠释经典。

成立于威尼斯的 Foscarini 自诞生之日便选择不设立内部工坊，而为每一件设计在意大利各处觅得最为契合的工艺与材质，让一盏盏灯在不同的家里点亮个性柔光。此次的展位以缤纷活泼的特色成为场中焦点。这些灯多具有简约的几何造型，但总是看起来和日常使用的那些"不太一样"。

今年 B&B Italia 带来了 Antonio Citterio、Mario

Bellini、Piero Lissoni 等著名设计师的最新设计。新的桌子系列 Astrum 以独特的 " 锯木架 " 基架为特点，结构轻盈却坚固；新款扶手椅 Fulgens 视觉和手感俱佳。

已有 60 多年历史的 Minotti 专业生产顶级设计扶手椅、沙发和客厅家具，此次他们不但带来了由 Rodolfo Dordoni 设计的 Lawrence 会议系统家具以及雅克合集沙发组合，还有 Christophe Delcourt 设计的 LOU 桌以及 FIL Noir 椅，将其强烈的 " 意大利制造 " 都一一展现了出来。

Kartell 以善用聚酯塑料制造造型特殊、富有色彩感的椅子出名。这一次的展览中 Kartell 用类似鸟笼的半透明围栏将不同的

居室进行分隔，人们既可以看到互相间的呼应和每一个区域里的展品，又可以走入每一个场景里近距离观看设计细节。

米兰国际家具（上海）展览会还举办了一系列具有前卫而富有意义的活动，汇聚全球知名设计师和品牌商，举办展览及辩论活动，足可称作开山之举。今年再度开启了大师班，提供三次与大师零距离交流的机会。三位蜚声国际的意大利建筑师 Mario Bellini、Piero Lissoni 和 Giancarlo Tintori 将与中国三位顶尖设计师张迪、周光明和杨明洁一对一进行当面沟通。他们将对中国乃至全球设计行业发展情况进行深入探讨，求同存异。是不容错过设计头脑风暴。END

2018 Ambiente 法兰克福
国际春季消费品展览会

全球消费品行业将于 2018 年 2 月 9 至 13 日齐聚德国法兰克福。法兰克福国际春季消费品展览会（以下简称 Ambiente）作为家居行业的晴雨表，是全球各类贸易展览会中的年度亮点。作为综合性的采购与设计展示平台，Ambiente 主要涉及三大板块产品和服务：餐厨用品、家居用品和礼品，涵盖了与餐厅、厨房、家居用品、奢侈品以及生活、礼品和室内装饰有关的全部消费品。荷兰此次成为该世界领先的消费品贸易展览会第七位主宾国。荷兰是一个以卓越设计而闻名的国家，它的风格兼具极简主义与实验性，富有创新精神，而不拘泥于传统，此次其将在展会现场呈献众多匠心独运的产品。

Belmond 发布全新形象推广

奢华旅游集团 Belmond 近日发布名为《Belmond 的艺术》全新品牌形象推广活动 —— 邀请宾客进入"Belmond 的精彩世界"，并赴华进行宣传。本次全球推广活动主要以展现美好生活的艺术 "Art of Savoir-Vivre"，呈现 Belmond 品牌的精髓与灵魂及其全球旅行体验，打造精彩目的地的独特个性。全新推广活动是集团市场策略中关键部分，希望提升品牌认知度，加强其在奢华旅游市场上作为度假品牌提供纯正目的地体验的定位。《Belmond 的艺术》与多位艺术家联合创作，包括影片以及平面和数码广告，吸引当今旅行者、千禧一代和全球观众，活动已在 10 月 11 日全面启动，透过社交及数码线上为 Belmond 吸引新的受众。

Belmond 市场营销及品牌管理高级副总裁 Arnaud Champenois 表示，此次推广活动以复古情怀展现充满魅力的 Belmond 酒店、豪华列车和游轮。我们品牌的文化传承折射出旅行的黄金时代，但同时又在每个细节中渗透着美好生活的艺术，并深信怀旧复古将成为新的潮流。

Belmond 来自于拉丁文，由美丽和世界二字组成，蕴含着集团希望在世界各地带给人们独一无二的旅游体验，发现它的美。据介绍，Belmond 集团涵盖了广泛且多元化的旅游项目，其中包括酒店、列车、邮轮及野外探险等，集团旗下项目是专为旅行鉴赏家设计的品牌，它通过怀旧的旅程带人们回想起旅行的黄金时代。

LOWNDES LONDON 亮相
BEST OF BRITISH 英伦精选展

英国时尚珠宝品牌 LOWNDES LONDON 携多件品牌珠宝璀璨亮相 BEST OF BRITISH 英伦精选展，华丽呈现高端英伦生活方式及态度。英国时尚珠宝品牌 LOWNDES LONDON 诞生于伦敦。其创作灵感源自于伦敦过往岁月中那些多姿多彩而又性格独特的女性，并以简约、现代风格诠释她们不为时代所局限的独立精神。对品质的不懈追求以及精巧却不张扬的细节，铸就了 LOWNDES LONDON，也和同样不喜欢随波逐流的现代女性产生共鸣。此次展会，LOWNDES LONDON 带来了二十多件时尚珠宝作品，包括 ALMACK 系列、GEORGIANA 系列、RANELAGH 系列，以及最新推出的以"狩猎"为灵感设计的 SALISBURY 系列，并且在活动现场还原了品牌线下展示厅原貌。以别出心裁的方式再现英伦风情，开启一段与众不同的花园秘境之旅。

飞利浦"秀"（Philips Hue）发布

全球照明领导者飞利浦照明为旗下智能家居照明系统发布中文子品牌"飞利浦秀"，向中国消费者传递其"秀外慧中"的独特魅力。针对中国消费者的用光习惯和情感诉求，飞利浦照明不仅从品牌沟通，更从产品开发、拓展合作伙伴和本土化使用体验上推动本土创新。通过软硬件及外部合作上的突破，满足中国消费者对智能家居照明的需求，推动中国智能家居市场的发展。智能互联照明是智能家居中最广泛且最先实现的应用之一。作为全球领先的智能互联照明系统，飞利浦秀一直引领着智能家居领域的创新，强调智能互联技术对于照明体验和生活品质的提升。飞利浦秀是飞利浦照明在智能家居照明领域打造的子品牌，也是全球智能家居照明的领导品牌，代表了飞利浦照明对家居照明应用方式的全面革新。

三亚保利瑰丽酒店呈献
海南岛美食文化探索之旅

三亚保利瑰丽酒店于 2017 年 8 月 21 日全新揭幕，成为瑰丽酒店进驻中国大陆的首家度假酒店。位于海南岛海棠湾的酒店将为瑰丽宾客带来当地饮食文化的非凡体验。酒店共开设三家精致餐厅及两家各具特色酒廊及酒吧。酒店依海而建，得天独厚，不乏鲜活海鲜，更从附近农场及牧场采购应季美味食材。各种食材巧妙搭配，经由各具才华的诸位主厨之手展现当地饮食文化及全球美食，结合表达当地风情的室内设计风格，完美体现瑰丽 A Sense of Place 的品牌理念。

INK+IVY 家居落户上海大悦城

2017 年 8 月，美国 E&E 集团旗下第三大品牌 INK+IVY 上海首家实体店进驻大悦城。以快时尚整体家居作为品牌定位的 INK+IVY，为追求有趣、时尚、个性化生活的消费者带来全新的家居体验，品牌理念强调"体验美式摩登，玩转复古风潮"，引领整体家居新潮流。品牌类型以家居用品和饰品为主，包括家具、家纺、灯具、饰品等。产品系列涉足客厅、餐厅、卧室、浴室、户外等多个空间，符合年轻一代对生活的定义。INK+IVY 的高性价比是吸引消费者的一大特点，而产品与众不同的风格理念、新鲜有趣的设计造型、对材质的高标准化要求，才是真正吸引消费者买单的着力点。

上海英伦精选展完美落幕

为期四天的首届 "Best of British 英伦精选展" 于 2017 年 10 月 22 日在上海展览中心拉下帷幕。英伦荟 British Place 携手众多品牌华丽呈现高端精致英伦生活，皇室精品受热追，成为展会一大亮点。英伦荟聚焦英国，打造集英国品牌代理、O2O 购物、旅游教育、文化娱乐推广多维一体的服务平台，为中国乃至亚洲消费者提供潮流、精致、超值全方位英国贸易及咨询服务，为众多英国品牌创造更广阔的商业机遇，为中国居民打造英式品质生活。英伦荟展示十多个自主品牌以及代理品牌，从皇室御用精品到高街潮牌，涵盖了饰品、皮具、家具、个人护理等品类。

WALLPAPERS

WALLCLOTHS

CURTAIN

SOFT DECORATIONS

25th'

OFFICIAL WEBSITE / 官方网站
Http: www.build-decor.com

第25届中国[北京]国际墙纸/墙布/窗帘暨家居软装饰展览会
THE 25th CHINA [BEIJING] INTERNATIONAL WALLPAPERS /
WALLCLOTHS / CURTAIN AND SOFT DECORATIONS EXPOSITION

2018年03月15日-18日 展会时间
EXHIBITION TIME
[周四 / 周五 / 周六 / 周日] 15th-18th，March 2018

北京·中国国际展览中心[新馆] 展会地点
EXHIBITION VENUE
CHINA INTERNATIONAL EXHIBITION CENTER [NEW VENUE] . BEIJING

中国国际贸易促进委员会　批准单位
中国国际展览中心集团公司　主办单位
北京中装华港建筑科技展览有限公司　承办单位

NO. OF EXHIBITORS
参展企业 / **2,000** 余家

SHOW AREA
展览面积 / **120,000** 平方米

NO. OF BOOTHS
展位数量 / **8,000** 余个

NO. OF VISITORS [2016]
上届观众 / **250,000** 人次

联系我们 / 承办单位 : 北京中装华港建筑科技展览有限公司
地 址 : 北京市朝阳区北三环东路 6 号中国国际展览中心一号馆四层 388 室
邮 编 : 100028　电 话 : +86(0)10-8460901 / 0903　传 真 : +86(0)10-84600910

源起

设计之源，起于初心

中国建筑学会室内设计分会
2017 年第二十七届（江西）年会
2017 年 11 月 8-10 日

主办：中国建筑学会室内设计分会　　　南昌大学
承办：中国建筑学会室内设计分会第二十七（南昌）专业委员会
南昌大学艺术与设计学院